技工院校一体化课程教学改革规划教材
编审委员会

技工院校一体化课程教学改革规划教材

水中无机离子指标分析工作页

SHUIZHONG WUJI LIZI ZHIBIAO FENXI GONGZUOYE

李春方 ◎主编　梁立娜 ◎副主编

童华强 ◎主审

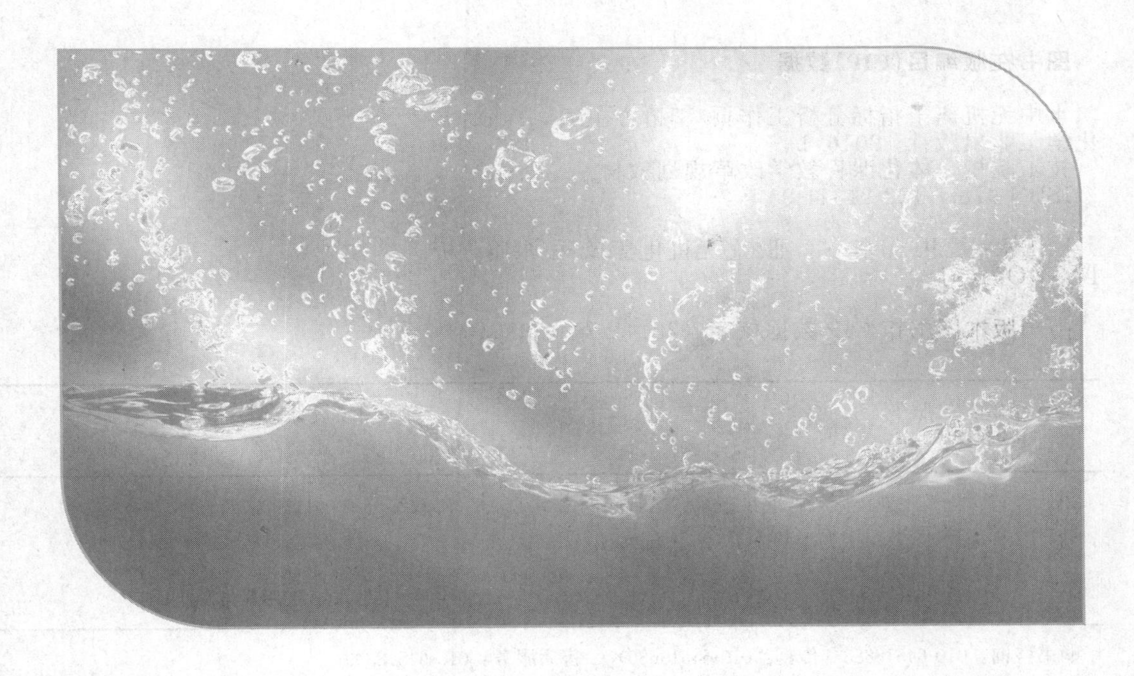

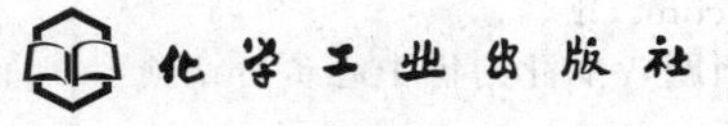

·北京·

本书主要包含“饮用水中氟、氯、硝酸根、亚硝酸根、硫酸根和磷酸根的含量分析”、“工业循环冷却水中钠离子、铵离子、钾离子、镁离子和钙离子的测定”、“小麦粉中溴酸盐的测定”三个环境保护与检测专业高级工学习任务，通过三个学习任务来整合环境保护与检验专业高级工学生处理和解决疑难问题所涉及的技能点和知识点，适合相关专业师生及技术人员参考阅读。

图书在版编目(CIP)数据

水中无机离子指标分析工作页/李椿方主编．—北京：化学工业出版社，2016.1
技工院校一体化课程教学改革规划教材
ISBN 978-7-122-21341-9

Ⅰ.①水…　Ⅱ.①李…　Ⅲ.①无机化学-离子-水质分析
Ⅳ.①O646.1

中国版本图书馆 CIP 数据核字（2014）第 153855 号

责任编辑：曾照华　　　　装帧设计：韩　飞
责任校对：边　涛

出版发行：化学工业出版社（北京市东城区青年湖南街 13 号　邮政编码 100011）
印　　刷：北京永鑫印刷有限责任公司
装　　订：三河市宇新装订厂
787mm×1092mm　1/16　印张 10¼　字数 244 千字　2016 年 2 月北京第 1 版第 1 次印刷

购书咨询：010-64518888（传真：010-64519686）　售后服务：010-64518899
网　　址：http://www.cip.com.cn
凡购买本书，如有缺损质量问题，本社销售中心负责调换。

定　　价：32.00 元

序

所谓一体化教学的指导思想是指以国家职业标准为依据，以综合职业能力培养为目标，以典型工作任务为载体，以学生为中心，根据典型工作任务和工作过程设计课程体系和内容，培养学生的综合职业能力。在“三三则”原则的基础上，在课程开发实践中，我院逐步提炼出课程开发“六步法”：即一体化课程的开发工作可按照职业和工作分析、确定典型工作任务、学习领域描述、项目实践、课业设计（教学项目设计）、课程实施与评价六个步骤开展。借助“鱼骨图”分析技术，按照工作过程对学习任务的每个环节应学习的知识和技能进行枚举、排列、归纳和总结，获取每个学习任务的操作技能和学习知识结构；同时，利用对一门课的不同学习任务鱼骨图信息的比较、归类、分析与综合，搭建出整个课程的知识、技能的系统化网络。

一体化课程的工作页，是帮助学生实现有效学习的重要工具，其核心任务是帮助学生学会如何工作。学习任务是指典型工作任务中，具备学习价值的代表性工作任务。学习目标是指完成本学习任务后能够达到的行为程度，包括所希望行为的条件、行为的结果和行为实现的技术标准，引导学习者思考问题的设计。为了提高学习者完成学习任务的主动性，应向学习者提出需要系统化思考的学习问题，即“引导问题”，并将“引导问题”作为学习工作的主线贯穿于完成学习任务的全部过程，让学生有目标地在学习资源中查找到所需的专业知识、思考并解决专业问题。

本书以环境保护与检测专业水质分析中典型工作任务为基础，以“接受任务、制定方案、实施检测、验收交付、总结拓展”五个工作环节为主线，详细编制了分析检验操作过程中的作业项目、操作要领和技术要求等内容。本书的最大特点是突出了“完整的操作技能体系和与之相适应的知识结构”的职业教育理念，精心设计了“总结与拓展”环节，并制定了教学环节中的“过程性评价”。本书章节编排合理，内容系统、连贯、完整，图文并茂，实操性强，具有较强的实用性。在本书的编写过程中，我们得到了北京市环境保护监测中心、北京市城市排水监测总站有限公司、北京市理化分析测试中心等单位的多名技术专家老师的指导，在此表示衷心的感谢。

编者

2015 年 6 月

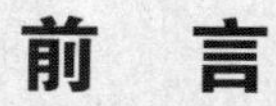

前 言

本书主要适用于环境保护与检验专业，针对全国开设环境保护与检验专业中水质分析检测方面的技工院校和中职学校。

本书是针对环境保护与检验专业中水质分析检测方面一体化技师班学习“水中无机离子指标分析”专业知识编写的一体化课程教学工作页之一。主要包含“饮用水中氟、氯、硝酸根、亚硝酸根、硫酸根和磷酸根的含量分析”、“工业循环冷却水中钠离子、铵离子、钾离子、镁离子和钙离子的测定”、“小麦粉中溴酸盐的测定”三个环境保护与检测专业高级工学习任务，通过三个学习任务来整合环境保护与检验专业高级工学生处理和解决疑难问题中涉及的技能点和知识点。

本书主要使用引导性问题来引领学生按照六步法的顺序完成学习任务。书中大量使用仪器图及结构原理图，使学生在学习上直观易懂，在问题设置上前后衔接紧密，不论是教师教学还是学生学习都能按照企业实际工作流程一步一步完成任务，真正做到一体化教学。

由于编者水平有限，书中难免有不妥和疏漏之处，敬请广大读者指正。

编者

2015 年 6 月

目 录

水中无机离子指标分析工作页

SHUIZHONG WUJI LIZI ZHIBIAO FENXI GONGZUOYE

学习任务一

饮用水中氟、氯、硝酸根、亚硝酸根、硫酸根和磷酸根的含量分析

任务书

一、任务情境描述

“垡头地区饮用水水质改善工程”实现一期工程于日前竣工通水，垡头街道办事处委托我院分析测试中心对饮用水水质进行常规项目分析，以判断水质改善情况。 我院分析检测中心主任接到该任务，选择饮用水中氟、氯、硝酸根、亚硝酸根、硫酸根和磷酸根离子指标由高级工来完成。 请你按照水质标准要求，制定检测方案，完成分析检测，并给垡头街道办事处出具检测报告。

工作过程符合 5S 规范，检测过程符合 GB/T5750 生活饮用水标准检验方法的分析方法质量标准要求。

二、学习活动及学时分配表（表1-1）

表 1-1　学习活动及学时分配表

活动序号	学习活动	学时安排	备注
1	接受任务	6 学时	
2	制定方案	12 学时	
3	实施检测	36 学时	
4	验收交付	4 学时	
5	总结拓展	6 学时	

学习活动一　接受任务

建议学时：6学时

学习要求：通过该活动，我们要明确“分析测试业务委托书”中任务的工作要求，完成离子含量的测定任务。具体工作步骤及要求见表1-2。

表1-2　具体工作步骤及要求

序号	工作步骤	要　求	学时安排	备注
1	识读任务书	能快速准确明确任务要求并清晰表达，在教师要求的时间内完成，能够读懂委托书各项内容，离子特征与特点	2学时	
2	确定检测方法和仪器设备	能够选择任务需要完成的方法，并进行时间和工作场所安排，掌握相关理论知识	2学时	
3	编制任务分析报告	能够清晰地描写任务认知与理解等，思路清晰，语言描述流畅	1.5学时	
4	评价		0.5学时	

表 1-3　北京市工业技师学院分析测试研究中心

分析测试业务委托书

批号：　　　　　　　　　　　　　　　　　　　　　　记录格式编号：AS/QRPD002-10

顾客产品名称	饮用水	数　量	10
顾客产品描述			
顾客指定的用途			
顾客委托分析测试事项情况记录			
测试项目或参数	氟、氯、硝酸、亚硝酸、硫酸根和磷酸根离子		
检测类别	√咨询性检测　□仲裁性检测　□诉讼性检测		
期望完成时间	√普通 年 月 日　□加急 年 月 日　□特急 年 月 日		
顾客对其产品及报告的处置意见			
产品使用完后的处置方式	□顾客随分析测试报告回收； √按废物立即处理； □按副样保存期限保存　□3 个月　□6 个月　□12 个月　□24 个月		
检测报告载体形式	□纸质　□软盘　√电邮	检测报告送达方式	□自取　□普通邮寄 □传真　√电邮
顾客名称（甲方）	垡头街道办事处	单位名称（乙方）	北京市工业技师学院分析测试中心
地　址	北京市朝阳区金蝉北里 20 号	地　址	北京市朝阳区化工路 51 号
邮政编码	100023	邮政编码	100023
电　话	010-67365451	电　话	010-67383433
传　真	010-67382053	传　真	010-67383433
E-mail	ftjdbsc@126. net	E-mail	chunfangli@msn. com
甲方委托人（签名）		甲方受理人（签名）	
委托日期	年　月　日	受理日期	年　月　日

注：1. 本委托书与院 ISO9001　顾客财产登记表（AS/QRPD754-01 表）等效。

2. 本委托书一式三份，甲方执一份，乙方执两份。甲方“委托人”和乙方“受理人”签字后协议生效。

一、识读任务书

1. 请同学们用红色笔标出委托单当中的关键词，并把关键词抄在下面横线上。

____

____

____

2. 请你从关键词中选择词语组成一句话，说明该任务的要求（其中包含时间、地点、人物以及事件的具体要求）。

____

____

____

3. 委托书中需要检测的项目有氟、氯、硝酸根、亚硝酸根、硫酸根和磷酸根离子，请用化学符号进行表示（表1-4）。

表1-4 各种离子化学符号

序号	待测项目	化学符号
1	氟	
2	氯	
3	硝酸根	
4	亚硝酸根	
5	硫酸根	
6	磷酸根	

4. 本次检测的类别是________，请你回忆一下，以前是否做过其他类别的检测，这种类别有哪些特征，与其他两种类别的检测有什么区别呢？请列表区分（表1-5）。

表1-5 检测区分

序号	本次（ ）	（ ）	（ ）
1			
2			
3			

5. 任务要求我们检测饮用水中的多个离子指标，请你回忆一下，之前检测过饮用水的哪些指标呢？采用的是什么方法（表1-6）？

表1-6 指标及采用方法

序号	指标	采用方法
1		
2		
3		
4		
5		

6. 无机离子是用来评价水质是否符合饮用的标准之一，其主要来源是什么？

____

____

____

____

7．我国《生活饮用水卫生标准》规定，这些离子的最高允许浓度各是多少（表1-7）？

表1-7　离子最高允许浓度

序号	离子	最高允许浓度/(g/mL)
1	氟	
2	氯	
3	硝酸根	
4	亚硝酸根	
5	硫酸根	
6	磷酸根	

8．这些离子含量过高会带来哪些危害？请查阅相关资料，以小组形式，罗列出可能带来的危害（不少于3条）。

（1）____

（2）____

（3）____

9．如何降低水质中的这些离子呢？请查阅相关资料，以小组形式，罗列出治理方法（不少于3条）。

（1）____

（2）____

（3）____

二、确定检测方法和仪器设备

1．任务书要求________天内完成该项任务，那么我们选择什么样的检测方法来完成呢？回忆一下之前所完成的工作，方法的选择一般有哪些注意事项？小组讨论完成，列出不少于3点，并解释。

（1）____

（2）____

（3）____

2. 请查阅《生活饮用水标准检验方法》GB/T ______，并以表格形式罗列出检测项目都有哪些检测方法及特征（表 1-8）。

表 1-8 离子检测方法及特征

序号	离子	检测方法	特征(主要仪器设备)
1	硫酸根		
2	氯		
3	氟		
4	硝酸根		
5	亚硝酸根		
6	磷酸根		

3. 为了完成工作，必须参考现有的国家标准，请分组讨论：有哪些标准文献查阅方法，并进行展示。

（1）______

（2）______

（3）______

（4）______

三、编写任务分析报告（表1-9）

表1-9 任务分析报告

1. 基本信息

序号	项目	名称	备注
1	委托任务的单位		
2	项目联系人		
3	委托样品		
4	检验参照标准		
5	委托样品信息		
6	检测项目		
7	样品存放条件		
8	样品处置		
9	样品存放时间		
10	出具报告时间		
11	出具报告地点		

2. 任务分析

（1）饮用水中氟、氯、硝酸根、亚硝酸根、硫酸根、磷酸根六种离子分别采用了哪些检测方法？

（2）针对饮用水中上述六种离子不同的检测方法，你准备分别选择哪一种？选择的依据是什么？

序号	检测项目	选择方法	选择依据
1	硫酸根		
2	氯		
3	氟		
4	硝酸根		
5	亚硝酸根		
6	磷酸根		

（3）选择方法所使用的仪器设备列表

序号	离子	检测方法	主要仪器设备
1	硫酸根		
2	氯		
3	氟		
4	硝酸根		
5	亚硝酸根		
6	磷酸根		

四、评价（表 1-10）

表 1-10 评价

项次	项目要求		配分	评分细则	自评得分	小组评价	教师评价
素养（20 分）	纪律情况（5 分）	按时到岗，不早退	2 分	缺勤全扣，迟到、早退出现一次扣 1 分			
		积极思考回答问题	2 分	根据上课统计情况得 1～2 分			
		学习用品准备	1 分	自己主动准备好学习用品并齐全			
		执行教师命令	0 分	此为否定项，违规酌情扣 10～100 分，违反校规按校规处理			
	职业道德（6 分）	主动与他人合作	2 分	主动合作得 2 分；被动合作得 1 分			
		主动帮助同学	2 分	能主动帮助同学得 2 分；被动得 1 分			
		严谨、追求完美	2 分	对工作精益求精且效果明显得 2 分；对工作认真得 1 分；其余不得分			
	5S（4 分）	桌面、地面整洁	2 分	自己的工位桌面、地面整洁无杂物，得 3 分；不合格不得分			
		物品定置管理	2 分	按定置要求放置得 2 分；其余不得分			
	阅读能力（5 分）	快速阅读能力	5 分	能快速准确明确任务要求并清晰表达得 5 分；能主动沟通在指导后达标得 3 分；其余不得分			
核心技术（60 分）	识读任务书（20 分）	委托书各项内容	10 分	能全部掌握得 10 分；部分掌握得 6～8 分；不清楚不得分			
		离子特征及特点	5 分	全部阐述清晰得 5 分；部分阐述得 3～4 分			
		离子危害及降低浓度的方法	5 分	全部阐述清晰得 5 分；部分阐述得 3～4 分；不清楚不得分			
	列出检测方法和仪器设备（15 分）	每种离子检测方法的罗列齐全	10 分	方法齐全，无缺项得 10 分；每缺一项扣 1 分，扣完为止			
		列出的相对应的仪器设备齐全	5 分	齐全无缺项得 5 分；有缺项扣 1 分；不清楚不得分			
	任务分析报告（25 分）	基本信息准确	5 分	能全部掌握得 5 分；部分掌握得 1～4 分；不清楚不得分			
		每种离子最终选择的检测方法合理有效	5 分	全部合理有效得 5 分；有缺项或者不合理扣 1 分			
		检测方法选择的依据阐述清晰	5 分	清晰能得 5 分；有缺或者无法解释的每项扣 1 分			
		选择的检测方法与仪器设备匹配	5 分	已选择的检测方法的仪器设备清单齐全，得 5 分；有缺项或不对应的扣 1 分			
		文字描述及语言	5 分	语言清晰流畅得 5 分；文字描述不清晰，但不影响理解与阅读得 3 分；字迹潦草无法阅读得 0 分			
工作页完成情况（20 分）	按时、保质保量完成工作页（20 分）	按时提交	4 分	按时提交得 4 分；迟交不得分			
		书写整齐度	3 分	文字工整、字迹清楚得 3 分			
		内容完成程度	4 分	按完成情况分别得 1～4 分			
		回答准确率	5 分	视准确率情况分别得 1～5 分			
		有独到的见解	4 分	视见解程度分别得 1～4 分			
	合计		100 分				
	总分[加权平均分（自评 20%，小组评价 30%，教师评价 50%）]						
组长签字				教师评价签字			

续表

请你根据以上打分情况，对本活动当中的工作和学习状态进行总体评述（从素养的自我提升方面、职业能力的提升方面进行评述，分析自己的不足之处，描述对不足之处的改进措施）。

教师指导意见：

学习活动二　制定方案

建议学时：12学时

学习要求：通过对饮用水中氟、氯、硝酸根、亚硝酸根、硫酸根和磷酸根的含量检测方法的分析，编制工作流程表、仪器设备清单，完成检测方案的编制。具体要求见表1-11。

表 1-11　具体要求

序号	工作步骤	要　求	学时安排	备注
1	编制工作流程	在45分钟内完成，流程完整，确保检测工作顺利有效完成	2学时	
2	编制仪器设备清单	仪器设备、材料清单完整，满足离子色谱检测试验进程和客户需求	3.5学时	
3	编制检测方案	在90分钟内完成编写，任务描述清晰，检验标准符合客户要求、国标方法要求，工作标准、工作要求、仪器设备等与流程内容一一对应	6学时	
4	评价		0.5学时	

一、编制工作流程（表1-12、表1-13）

1. 我们之前完成了很多检测项目，你最熟悉的检测任务是什么？

分析检测项目的主要工作流程一般可分为5部分完成，分别是配制溶液、确认仪器状态、验证检测方法、实施分析检测和出具检测报告。

请回忆一下，各部分的主要工作任务有哪些呢？各部分的工作要求分别是什么？大约需要花费多少时间呢？

表1-12 任务名称：＿＿＿＿＿＿＿＿＿＿

序号	工作流程	主要工作内容	评价标准	花费时间/h
1	配制溶液			
2	确认仪器状态			
3	验证检测方法			
4	实施分析检测			
5	出具检测报告			

2. 请你分析该项目选择的检测方法和作业指导书，写出工作流程，并写出完成的具体工作内容和要求。

表1-13 工作流程

序号	工作流程	主要工作内容	要求
1			
2			
3			
4			
5			
6			
7			
8			
9			
10			

二、编制仪器设备清单

1. 为了完成检测任务，需要用到哪些试剂呢？请列表完成（表 1-14）。

表 1-14　试剂清单

序号	试剂名称	规格	配制方法
1			
2			
3			
4			
5			
6			
7			
8			
9			
10			
11			

2. 为了完成检测任务，需要用到哪些仪器设备呢？请列表完成（表1-15）。

表 1-15 仪器清单

序号	仪器名称	规格	作用	是否会操作
1				
2				
3				
4				
5				
6				
7				
8				
9				
10				
11				
12				

• 小测验

（1）请回忆一下，之前我们都使用了哪些仪器呢？主要用于哪些项目的分析（表 1-16）？

表 1-16 仪器名称及检测项目

序号	仪器名称	检测项目

（2）如何配制 1000mg/L 贮备标准溶液呢（表 1-17）？

表 1-17 配制 1000mg/L 贮备标准溶液

离子名称	采用的试剂	试剂纯度等级	称量______ g，定容至______ mL

举例，写出一种离子的计算过程。

三、编制检测方案（表1-18）

表1-18　检测方案

方案名称：________

一、任务目标及依据

（填写说明：概括说明本次任务要达到的目标及相关标准和技术资料）

二、工作内容安排

（填写说明：列出工作流程、工作要求、仪器设备和试剂、人员及时间安排等）

工作流程	工作要求	仪器设备和试剂	人员	时间安排

三、验收标准

（填写说明：本项目最终的验收相关项目的标准）

四、有关安全注意事项及防护措施等

（填写说明：对保养的安全注意事项及防护措施，废弃物处理等进行具体说明）

四、评价（表 1-19）

表 1-19 评价

评分项目			配分	评分细则	自评得分	小组评价	教师评价
素养（20 分）	纪律情况（5 分）	不迟到，不早退	2 分	违反一次不得分			
		积极思考回答问题	2 分	根据上课统计情况得 1～2 分			
		三有一无（有本、笔、书，无手机）	1 分	违反规定每项扣 1 分			
		执行教师命令	0 分	此为否定项，违规酌情扣 10～100 分，违反校规按校规处理			
	职业道德（5 分）	与他人合作	2 分	不符合要求不得分			
		追求完美	3 分	对工作精益求精且效果明显得 3 分；对工作认真得 2 分；其余不得分			
	5S（5 分）	场地、设备整洁干净	3 分	合格得 3 分；不合格不得分			
		服装整洁，不佩戴饰物	2 分	合格得 2 分；违反一项扣 1 分			
	职业能力（5 分）	策划能力	3 分	按方案策划逻辑性得 1～5 分			
		资料使用	2 分	正确查阅作业指导书和标准得 2 分；错误不得分			
		创新能力*（加分项）	5 分	项目分类、顺序有创新，视情况得 1～5 分			
核心技术（60 分）	时间（5 分）	时间要求	5 分	90 分钟内完成得 5 分；超时 10 分钟扣 2 分			
	目标依据（5 分）	目标清晰	3 分	目标明确，可测量得 1～3 分			
		编写依据	2 分	依据资料完整得 2 分；缺一项扣 1 分			
	检测流程（15 分）	项目完整	7 分	完整得 7 分；漏一项扣 1 分			
		顺序	8 分	全部正确得 8 分；错一项扣 1 分			
	工作要求（5 分）	要求清晰准确	5 分	完整正确得 5 分；错项漏项一项扣 1 分			
	仪器设备试剂（10 分）	名称完整	5 分	完整、型号正确得 5 分；错项漏项一项扣 1 分			
		规格正确	5 分	数量型号正确得 5 分；错一项扣 1 分			
	人员（5 分）	组织分配合理	5 分	人员安排合理，分工明确得 5 分；组织不适一项扣 1 分			
	验收标准（5 分）	标准	5 分	标准查阅正确、完整得 5 分；错、漏一项扣 1 分			
	安全注意事项及防护等（10 分）	安全注意事项	5 分	归纳正确、完整得 5 分			
		防护措施	5 分	按措施针对性，有效性得 1～5 分			
工作页完成情况（20 分）	按时完成工作页（20 分）	按时提交	5 分	按时提交得 5 分；迟交不得分			
		完成程度	5 分	按情况分别得 1～5 分			
		回答准确率	5 分	视情况分别得 1～5 分			
		书面整洁	5 分	视情况分别得 1～5 分			
总分							
综合得分（自评 20%，小组评价 30%，教师评价 50%）							
教师评价签字：			组长签字：				

续表

请你根据以上打分情况，对本活动当中的工作和学习状态进行总体评述（从素养的自我提升方面、职业能力的提升方面进行评述，分析自己的不足之处，描述对不足之处的改进措施）。
教师指导意见：

学习活动三　实施检测

建议学时：36学时

学习要求：按照检测实施方案中的内容，完成饮用水中氟、氯、硝酸根、亚硝酸根、硫酸根和磷酸根的含量分析，过程中符合安全、规范、环保等5S要求，具体要求如表1-20所示。

表1-20　工作步骤及要求

序号	工作步骤	要　求	学时安排	备注
1	配制溶液	规定时间内完成溶液配制，准确，原始数据记录规范，操作过程规范	6学时	
2	确认仪器状态	能够在阅读仪器的操作规程指导下，正确的操作仪器，并对仪器状态进行准确判断	12学时	
3	检测方法验证	能够根据方法验证的参数，对方法进行验证，并判断方法是否合适	6学时	
4	实施分析检测	严格按照标准方法和作业指导书要求实施分析检测，最后得到样品数据	11.5学时	
5	评价		0.5学时	

一、安全注意事项

请回忆一下，我们之前在实训室工作时，有哪些安全事项是需要我们特别注意的？现在我们要进入一个新的实训场地，请阅读《实验室安全管理办法》总结该任务需要注意的安全注意事项。

二、配制溶液

阅读学习材料 1　离子标准贮备液配制方法

◆ 配制 1000mg/L 贮备标准溶液

■ 阴离子标准取钠盐，阳离子标准取氯化物，称取适量，用高纯水稀释。

■ 贮备液（g）100mL：$0.1\times M$（M 为盐或离子的摩尔质量）

◆ 配制混合标准溶液

■ 吸取适量的贮备液，用高纯水稀释至刻度，摇匀。

◆ 保存

■ 使用聚丙烯（PP）瓶，保存在暗处及 4℃左右（通常可以保存 6 个月）。

■ mg/L 级浓度的混合标准不能长期保存，应经常配制。

■ μg/L 级浓度的混合标准应在使用前临时配制。

1. 请完成标准贮备液（1000mg/L）的配制，并做好数据记录（表 1-21）。

表 1-21　数据记录

离子名称	采用的试剂	试剂纯度等级	称量____g，定容至____mL

2. 你们小组设计的标准工作液浓度（表 1-22）。

表 1-22 标准工作液浓度

离子名称	混合标准 1(浓度)/(mg/L)	混合标准 2(浓度)/(mg/L)	混合标准 3(浓度)/(mg/L)	混合标准 4(浓度)/(mg/L)	混合标准 5(浓度)/(mg/L)

记录配制过程：

(1) ____

(2) ____

(3) ____

(4) ____

(5) ____

(6) ____

阅读学习材料 2 淋洗液配制方法

◆ 阴离子淋洗液的配制

■ 碳酸盐（AS4A、AS12A、AS14 等）

配 100x 浓度的淋洗液作为贮备液，使用时用高纯水稀释。

■ 氢氧化钠（AS10、AS11、AS15、AS16 等）

配制质量分数为 50%NaOH 贮备溶液，使用时用高纯水稀释。

◆ 阳离子淋洗液的配制

■ 甲烷磺酸（MSA）

取一定浓度的 MSA 配成贮备液（可以配制为 1mol/L 的贮备液）。

◆ 保存

■ 使用聚丙烯（PP）瓶，保存在暗处及 4℃左右（通常可以保存 6 个月）。

■ 淋洗液要经常更换。

3. 你们小组的淋洗液是：________________

记录其配制过程：

（1）________________

（2）________________

（3）________________

（4）________________

（5）________________

（6）________________

三、确认仪器状态

1. 离子色谱仪器的流路需要根据其结构来分析，离子色谱仪器由淋洗液、高压泵、进样阀、保护柱/分离柱、抑制器、电导池和数据处理系统组成，请在图 1-1 中，将这些名称在相对应的位置标注，并将图中英文译成中文。

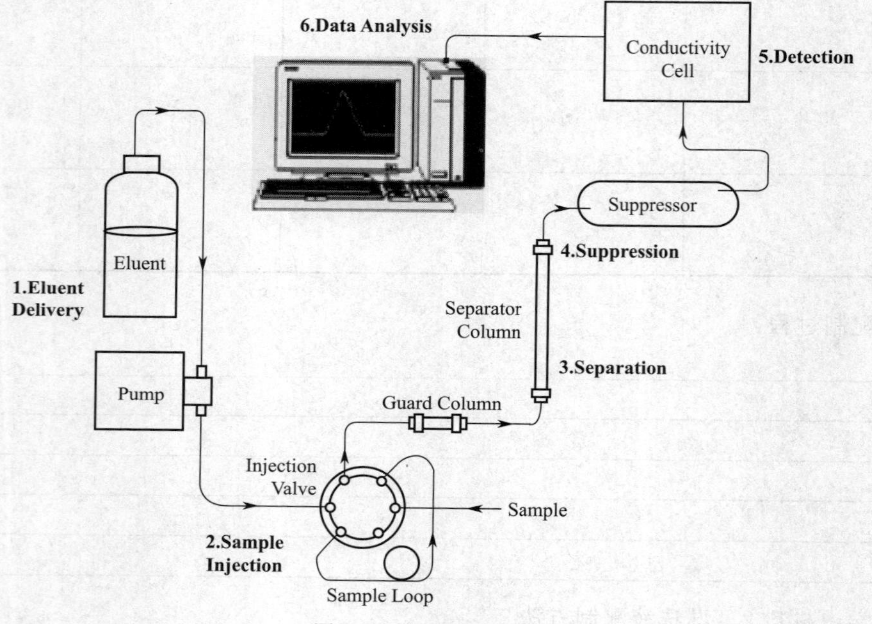

图 1-1　离子色谱仪器

2. 仪器结构认知，请对照仪器实物及结构示意图，完成仪器结构组成部分的填写。

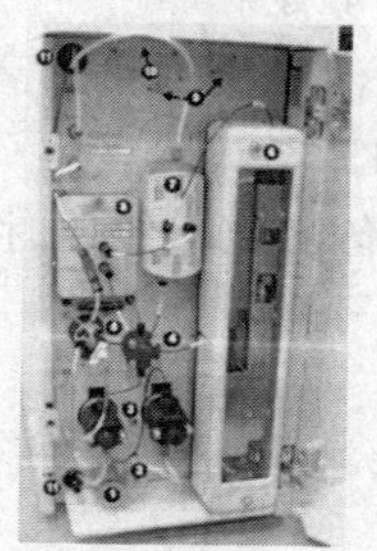

（1）________用于控制来自淋洗液瓶的溶液，与泵同步开关。

（2）________用于在发生溶液泄漏时向 LCD 屏幕和 Chromeleon 发出报警信息。

（3）________是串联设计，流速可以在 0.05～5.0mL/min 之间调节，最佳工作范围是

0.4～2.0mL/min，设置 0.00mL/min 时停泵。

（4）________用于测量系统压力。

（5）________是六孔电动阀，预装 25μL 定量环。

（6）________用于加热保护柱和分离柱，温度可以在 30～60℃之间调节，设置 0℃时停止加热，超过 65℃时报警。

（7）________可以降低淋洗液的电导，提高样品离子的检测灵敏度，ICS-1500 可以使用 AES、SRS 和 MMS 抑制器。

（8）________用于测量流经检测池的离子电导率，内置的热交换器，使池温在 30～55℃之间调节，设置 0℃时停止加热。

（9）第二个抑制器安放支架可以放置备用的抑制器。

（10）________用于调节 LCD 屏幕的亮度。

（11）管路卡槽用于整理需要进出仪器的各种管路。

3. 认识了结构以后，离子色谱的流路图如图 1-2 所示，请将图中英文翻译成中文，并完成流路分析。

去离子水从________❶经脱气泵（选装件）→________❷→________❸→________❹→________❺→________❻→________❼→________❽→________❾→________❿→________⓫→________⓬。

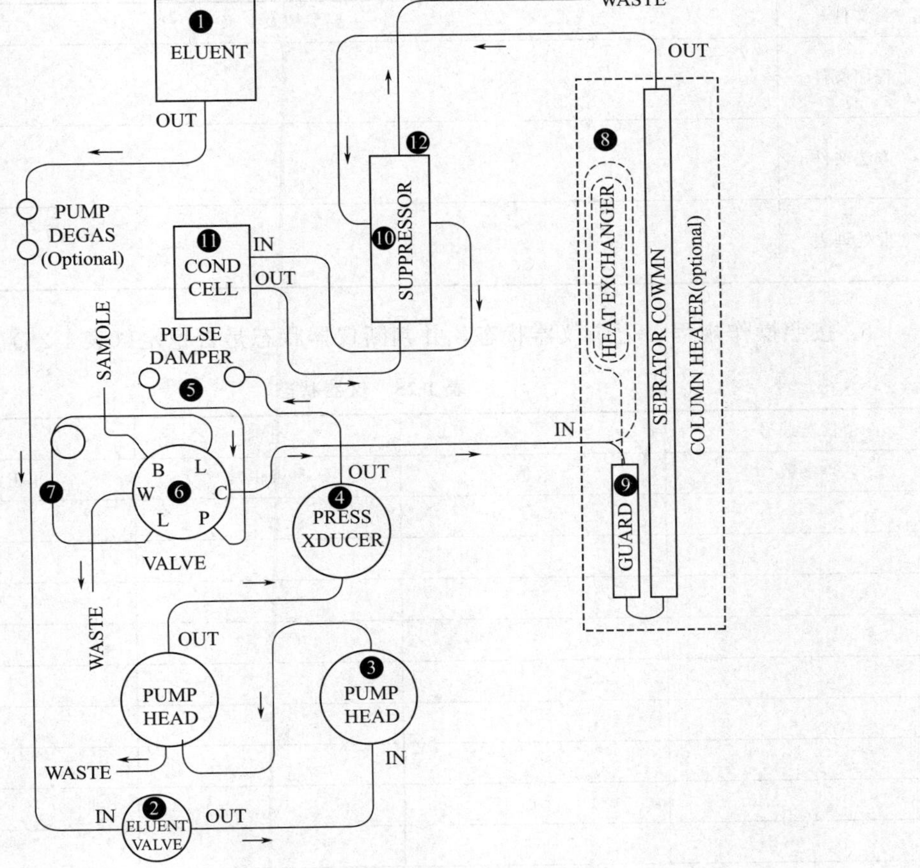

图 1-2　离子色谱流路图

4. 请阅读离子色谱仪器操作规程，完成开机操作，并记录离子色谱仪器的开机过程（表 1-23）。

表 1-23　开机过程

步骤序号	内容	注意事项
1		
2		
3		
4		
5		

5. 请阅读离子色谱仪器操作规程，完成程序文件、方法文件和批处理表的编辑，并记录各文件的主要参数（表 1-24）。

表 1-24　各文件主要参数

文件	主要参数及含义
程序文件	
方法文件	
批处理表	

6. 按照操作规程，记录仪器状态，并判断仪器状态是否稳定（表 1-25）。

表 1-25　仪器状态

仪器编号	组别		
参数	数值	是否正常	非正常处理方法

7. 完成仪器准备确认单（表 1-26）。

表 1-26 仪器准备确认单

序号	仪器名称	状态确认	
		可行	否，解决办法
1			
2			
3			
4			
5			
6			
7			
8			
9			
10			

四、检测方法验证（表 1-27~ 表 1-29）

表 1-27 检测方法验证评估表

记录格式编号：AS/QRPD002-40

方法名称			
方法验证时间		方法验证地点	
方法验证过程：			
方法验证结果： 验证负责人： 日期：			

续表

方法验证人员	分工	签字

表 1-28 检测方法试验验证报告

记录格式编号：AS/QRPD002-41

方法名称					
方法验证时间			方法验证地点		
方法验证依据					
方法验证结果					

验证人： 校核人： 日期：

表 1-29　新检测项目试验验证确认报告

记录格式编号：AS/QRPD002-52

方法名称			
检测参数			
检测依据			
方法验证时间		方法验证地点	
验证人		验证人意见	
技术负责人意见 签字：　　　　日期：			
中心主任意见 签字：　　　　日期：			

1. 请小组讨论，方法验证的重要性有哪些？至少列出 5 点。

2. 方法验证主要验证哪些参数呢？请记录工作过程（表 1-30）。

表 1-30 工作过程及参数

序号	参数	工作过程
1		
2		
3		
4		
5		
6		
7		
8		
9		
10		

五、实施分析检测

1. 请记录检测过程中出现的问题及解决方法（表 1-31）。

表 1-31 出现的问题、解决方法及原因分析

序号	出现的问题	解决方法	原因分析
1			
2			
3			
4			
5			

2. 请做好实验记录，并且在仪器旁的仪器使用记录上进行签字（表 1-32）。

表 1-32　实验记录

小组名称		组员	
仪器型号/编号		所在实验室	
淋洗液		基线电导	
色谱柱类型		检测器	
抑制器类型		抑制器电流	
流速		柱压力	
仪器使用是否正常			
组长签名/日期			

表 1-33　北京市工业技师学院分析测试中心生活饮用水中阴离子原始记录

编号：GLAC-JL-R058-1　　　　序号：

样品类别：　　　　检测日期：

样品状态：与任务书是否一致：□一致　□不一致

不一致的样品编号及相关说明：____________。

检测项目：

检测依据：GB/T5750.5-2006 生活饮用水标准检验方法无机非金属指标氟、氯、硝酸盐、硫酸盐的检测

仪器名称：DX-120 离子色谱　　　　仪器编号：00100557

检测地点：JC－106　　　　室内温度：　℃　　室内湿度：　%

标准物质标签：　　　　见：GLAC-JL-42-标准物质溶液稀释表（序号：　　　）

标准工作液名称	编号	浓度/(mg/L)	配制人	配制日期	失效日期

标准物质工作曲线

工作曲线标准物质浓度/(mg/L)					
峰面积					
回归方程				r	

标准物质工作曲线

工作曲线标准物质浓度/(mg/L)					
峰面积					
回归方程				r	

标准物质工作曲线

工作曲线标准物质浓度/(mg/L)					
峰面积					
回归方程				r	

标准物质工作曲线

工作曲线标准物质浓度/(mg/L)					
峰面积					
回归方程				r	

标准物质工作曲线

工作曲线标准物质浓度/(mg/L)					
峰面积					
回归方程				r	

标准物质工作曲线

工作曲线标准物质浓度/(mg/L)					
峰面积					
回归方程				r	

计算公式：

$$C=MD$$

式中 C——样品中待测离子含量，mg/L；

M——由校准曲线上查得样品中待测离子的含量，mg/L；

D——样品稀释倍数。

检测结果：

检出限：　　　　检测结果保留三位有效数字

样品编号	样品名称	M/(mg/L)	D	测得含量 C/(mg/L)	平均值 /(mg/L)	检测结果 /(mg/L)	测得误差 /%	允许误差 /%

检测人：　　　　校核人：

第　　页 共　　页

编号：GLAC-JL-R058-1　　　　　　　　　　　　　　　　　　　　　　　　序号：

样品编号	样品名称	M/(mg/L)	D	测得含量 C/(mg/L)	平均值 /(mg/L)	实测值 /(mg/L)	测得偏差 /%	允许偏差 /%

检测人：　　　　　　　　　　　　　　　　　　　　　　　　　　　　校核人：

第　　页 共　　页

六、教师考核表（表 1-34）

表 1-34 教师考核表

饮用水中氟、氯、硝酸根、亚硝酸根、硫酸根和磷酸根的含量分析实施检测方案工作流程评价表						
第一阶段：配制溶液(10 分)			正确	错误	分值	得分
1	配制流动相	流动相药品准备			4 分	
2		流动相药品选择				
3		流动相药品干燥				
4		流动相药品称量				
5		流动相药品转移定容				
6		流动相保存				
7	配制标准溶液	标准溶液药品准备			4 分	
8		标准溶液药品选择				
9		标准溶液药品干燥				
10		标准溶液药品称量				
11		标准溶液药品转移定容				
12		标准溶液保存				
13	配制标准工作液	标准溶液离子计算			2 分	
14		标准溶液离子移取定容				
15		标准溶液离子保存				
第二阶段：确认仪器设备状态(20 分)			正确	错误	分值	得分
16	认知仪器	淋洗液瓶位置			5 分	
17		脱气泵位置				
18		淋洗液阀位置				
19		泵位置				
20		压力传感器位置				
21		阻尼器位置				
22		淋洗液发生器位置				
23		CR-TC 位置				
24		淋洗液发生器的脱气盒位置				
25		进样阀位置				
26		样品环位置				
27		热交换器位置				
28		保护柱/分离柱位置				
29		抑制器位置				
30		电导池位置				
31		废液位置				
32	仪器操作检查	打开 N_2 钢瓶总阀			15 分	
33		调节钢瓶减压器上的分压表指针为 0.2MPa 左右				
34		调节色谱主机上的减压表指针为 5psi 左右				
35		确认离子色谱与计算机数据线连接				
36		打开离子色谱主机的电源				
37		选择 Chromeleon＞Sever Monitor				
38		双击在桌面上的工作站主程序				
39		打开离子色谱操作控制面板				
40		选中 Connected 使软件和离子色谱连接				
41		打开泵头废液阀排除泵和管路里的气泡				
42		关闭泵头废液阀				
43		开泵启动仪器				
44		关闭泵				
45		关闭操作软件				
46		选择 Sever Monitor，出现对话界面后点击 Stop 关闭				
47		关闭离子色谱主机的电源				
48		关闭 N_2 钢瓶总阀并将减压表卸压				

续表

饮用水中氟、氯、硝酸根、亚硝酸根、硫酸根和磷酸根的含量分析实施检测方案工作流程评价表						
第二阶段：确认仪器设备状态（20分）			正确	错误	分值	得分
49	仪器操作检查	关闭计算机、显示器的电源开关			15分	
第三阶段：检测方法验证（15分）			正确	错误	分值	得分
50	填写检测方法验证评估表				15分	
51	填写检测方法试验验证报告					
52	填写新检测项目试验验证确认报告					
第四阶段：实施分析检测（20分）			正确	错误	分值	得分
53	检查流速				20分	
54	检查淋洗液浓度					
55	检查抑制器电流					
56	查看基线15min，稳定后分析					
57	建立程序文件（program file）					
58	建立方法文件（method file）					
59	建立样品表文件					
60	加入样品到自动进样器					
61	启动样品表					
62	建立标准曲线，曲线浓度填写					
63	标准曲线线性相关系数					
64	标准曲线线性方程					
65	样品检测结果记录					
66	样品检测结果自平行					
第五阶段：原始记录评价（15分）			正确	错误	分值	得分
67	填写标准溶液原始记录				15分	
68	填写仪器操作原始记录					
69	填写方法验证原始记录					
70	填写检测结果原始记录					
饮用水中氟、氯、硝酸根、亚硝酸根、硫酸根和磷酸根的含量项目分值小计					80分	
综合评价项目		详细说明			分值	得分
1	基本操作规范性	动作规范准确得3分			3分	
		动作比较规范，有个别失误得2分				
		动作较生硬，有较多失误得1分				
2	熟练程度	操作非常熟练得5分			5分	
		操作较熟练得3分				
		操作生疏得1分				
3	分析检测用时	按要求时间内完成得3分			3分	
		未按要求时间内完成得2分				
4	实验室5S	实验台符合5S得2分			2分	
		实验台不符合5S得1分				
5	礼貌	对待考官礼貌得2分			2分	
		欠缺礼貌得1分				
6	工作过程安全性	非常注意安全得5分			5分	
		有事故隐患得1分				
		发生事故得0分				
综合评价项目分值小计					20分	
总成绩分值合计					100分	

七、评价（表1-35）

表1-35 评价

<table>
<tr><th colspan="3">评分项目</th><th>配分</th><th>评分细则</th><th>自评得分</th><th>小组评价</th><th>教师评价</th></tr>
<tr><td rowspan="12">素养（20分）</td><td rowspan="4">纪律情况（5分）</td><td>不迟到，不早退</td><td>2分</td><td>违反一次不得分</td><td></td><td></td><td></td></tr>
<tr><td>积极思考回答问题</td><td>2分</td><td>根据上课统计情况得1～2分</td><td></td><td></td><td></td></tr>
<tr><td>三有一无（有本、笔、书，无手机）</td><td>1分</td><td>违反规定每项扣1分</td><td></td><td></td><td></td></tr>
<tr><td>执行教师命令</td><td>0分</td><td>此为否定项，违规酌情扣10～100分，违反校规按校规处理</td><td></td><td></td><td></td></tr>
<tr><td rowspan="2">职业道德（5分）</td><td>与他人合作</td><td>2分</td><td>不符合要求不得分</td><td></td><td></td><td></td></tr>
<tr><td>追求完美</td><td>3分</td><td>对工作精益求精且效果明显得3分；对工作认真得2分；其余不得分</td><td></td><td></td><td></td></tr>
<tr><td rowspan="2">5S（5分）</td><td>场地、设备整洁干净</td><td>3分</td><td>合格得3分；不合格不得分</td><td></td><td></td><td></td></tr>
<tr><td>服装整洁，不佩戴饰物</td><td>2分</td><td>合格得2分；违反一项扣1分</td><td></td><td></td><td></td></tr>
<tr><td rowspan="3">职业能力（5分）</td><td>策划能力</td><td>3分</td><td>按方案策划逻辑性得1～5分</td><td></td><td></td><td></td></tr>
<tr><td>资料使用</td><td>2分</td><td>正确查阅作业指导书和标准得2分；错误不得分</td><td></td><td></td><td></td></tr>
<tr><td>创新能力*（加分项）</td><td>5分</td><td>项目分类、顺序有创新，视情况得1～5分</td><td></td><td></td><td></td></tr>
<tr><td colspan="7" style="display:none"></td></tr>
<tr><td>核心技术（60分）</td><td colspan="7">教师考核分______×0.6=______</td></tr>
<tr><td rowspan="4">工作页完成情况（20分）</td><td rowspan="4">按时完成工作页（20分）</td><td>按时提交</td><td>5分</td><td>按时提交得5分，迟交不得分</td><td></td><td></td><td></td></tr>
<tr><td>完成程度</td><td>5分</td><td>按情况分别得1～5分</td><td></td><td></td><td></td></tr>
<tr><td>回答准确率</td><td>5分</td><td>视情况分别得1～5分</td><td></td><td></td><td></td></tr>
<tr><td>书面整洁</td><td>5分</td><td>视情况分别得1～5分</td><td></td><td></td><td></td></tr>
<tr><td colspan="5">总分</td><td></td><td></td><td></td></tr>
<tr><td colspan="5">综合得分（自评20%，小组评价30%，教师评价50%）</td><td colspan="3"></td></tr>
<tr><td colspan="4">教师评价签字：</td><td colspan="4">组长签字：</td></tr>
<tr><td colspan="8">请你根据以上打分情况，对本活动当中的工作和学习状态进行总体评述（从素养的自我提升方面、职业能力的提升方面进行评述，分析自己的不足之处，描述对不足之处的改进措施）。</td></tr>
<tr><td colspan="8">教师指导意见：</td></tr>
</table>

学习活动四　验收交付

建议学时：4学时

学习要求：能够对检测原始数据进行数据处理并规范完整的填写报告书，并对超差数据原因进行分析，具体要求见表1-36。

表 1-36　要求及学时

序号	工作步骤	要　求	学时	备注
1	编制数据评判表	会计算检测结果，能通过计算判断数据是否达到技术要求	2学时	
2	编写成本核算表	能计算耗材和其他检测成本	1学时	
3	填写检测报告	根据检测计算结果规范完整填写报告单	0.5学时	
4	评价		0.5学时	

一、编制数据评判表（表 1-37~ 1-41）

1. 氯离子

表 1-37 氯离子

序号	测量数据	合规标准	评判结果	问题原因
工作曲线方程		—	—	—
相关系数				
互平行				

2. 硝酸根离子

表 1-38 硝酸根离子

序号	测量数据	合规标准	评判结果	问题原因
工作曲线方程		—	—	—
相关系数				
互平行				

3. 亚硝酸根离子

表 1-39 亚硝酸根离子

序号	测量数据	合规标准	评判结果	问题原因
工作曲线方程		—	—	—
相关系数				
互平行				

4. 硫酸根离子

表 1-40 硫酸根离子

序号	测量数据	合规标准	评判结果	问题原因
工作曲线方程		—	—	—
相关系数				
互平行				

5. 磷酸根离子

表 1-41 磷酸根离子

序号	测量数据	合规标准	评判结果	问题原因
工作曲线方程		—	—	—
相关系数				
互平行				

小组名称＿＿＿＿＿＿＿＿　　　　分析者＿＿＿＿＿＿＿＿

二、编写成本核算表

1. 请小组讨论，回顾整个任务的工作过程，罗列出我们所使用的试剂耗材，并参考库房管理员提供的价格清单，对此次任务的单个样品使用耗材进行成本估算（表 1-42）。

表 1-42　单个样品使用耗材成本估算

序号	试剂名称	规格	单价/元	使用量	成本/元
1					
2					
3					
4					
5					
6					
7					
8					
9					
10					
11					
12					
13					
合计					

2. 工作中，除了试剂耗材成本以外，要完成一个任务，还有哪些成本呢？比如人工成本、固定资产折旧等，请小组讨论，罗列出至少 3 条，并写出，如何有效地在保证质量的基础上控制成本呢（表 1-43）？

表 1-43　其他成本

序号	项目	单价/元	使用量	成本/元
1				
2				
3				
4				
5				
6				
7				
8				
9				
10				

三、填写检测报告书

如果检测数据评判合格，按照报告单的填写程序和填写规定认真填写检测报告书；如果评判数据不合格，需要重新检测数据合格后填写检测报告。

北京市工业技师学院
分析测试中心

检 测 报 告 书

检品名称________________________________

被检单位________________________________

报告日期 年 月 日

检测报告书首页

北京市工业技师学院分析测试中心

字（20　年）第　　号

共3页，第1页

检品名称＿＿＿＿＿＿＿＿　检测类别　委托（送样）

被检单位＿＿＿＿＿＿＿＿　检品编号＿＿＿＿＿＿＿＿

生产厂家＿＿＿＿＿＿＿＿　检测目的＿＿＿＿＿＿＿＿　生产日期＿＿＿＿

检品数量＿＿＿＿＿＿＿＿　包装情况＿＿＿＿＿＿＿＿　采样日期＿＿＿＿

采样地点＿＿＿＿＿＿＿＿　检品性状＿＿＿＿＿＿＿＿　送检日期＿＿＿＿

检测项目＿＿＿＿＿＿＿＿

检测及评价依据：

本栏目以下无内容

结论及评价：

本栏目以下无内容

检测环境条件：　　温度：　　相对湿度：　　气压：

主要检测仪器设备：

名称　　编号　　型号

名称　　编号　　型号

报告编制：　　校对：　　签发：　　盖章

年　月　日

项目名称	限值	测定值	判定

报告书包括封面、首页、正文（附页）、封底，并盖有计量认证章、检测章和骑缝章。

四、评价（表 1-44）

请你根据下表要求对本活动中的工作和学习情况进行打分。

表 1-44 评价

项次	评分项目		配分	评分细则	自评得分	小组评价	教师评价
素养（20 分）	纪律情况（5 分）	按时到岗，不早退	2 分	违反规定，每次扣 1 分			
		积极思考回答问题	2 分	根据上课统计情况得 1～2 分			
		三有一无（有本、笔、书，无手机）	1 分	违反规定每项扣 1 分			
		执行教师命令	0 分	此为否定项，违规酌情扣 10～100 分，违反校规按校规处理			
	职业道德（10 分）	能与他人合作	3 分	不符合要求不得分			
		数据填写	3 分	能客观真实得 3 分；篡改数据 0 分			
		追求完美	4 分	对工作精精益求精且效果明显得 4 分；对工作认真得 3 分；其余不得分			
	成本意识（5 分）		5 分	有成本意识，使用试剂耗材节约，能计算成本量得 5 分；达标得 3 分；其余不得分			
核心技术（60 分）	数据处理（15 分）	能独立进行数据的计算和取舍	15 分	独立进行数据处理，得 15 分；在同学老师的帮助下完成，可得 7 分			
	评判结果（10 分）	能正确评判工作曲线和测定结果是否合格	10 分	能正确评判合格与否得 10 分；评判错误不得分			
	互平行（15 分）	能够到达互平行标准	15 分	互平行≤5%得 15 分；5%～10%之间得 0～15 分			
	报告填写（20 分）	填写完整规范	10 分	填写完整规范无涂改得 10 分，涂改一处扣 2 分			
		无差错	10 分	填写无差错得 10 分，错一处扣 3 分			
工作页完成情况（20 分）	按时完成工作页（20 分）	及时提交	5 分	按时提交得 5 分，迟交不得分			
		内容完成程度	5 分	按完成情况分别得 1～5 分			
		回答准确率	5 分	视准确率情况分别得 1～5 分			
		有独到的见解	5 分	视见解程度分别得 1～5 分			
总分							
加权平均（自评 20%，小组评价 30%，教师评价 50%）							
教师评价签字：			组长签字：				

续表

请你根据以上打分情况，对本活动当中的工作和学习状态进行总体评述（从素养的自我提升方面、职业能力的提升方面进行评述，分析自己的不足之处，描述对不足之处的改进措施）。
教师指导意见：

学习活动五　总结拓展

建议学时：6 学时

学习要求：通过本活动总结本项目的作业规范和核心技术并通过同类项目练习进行强化（表 1-45）。

表 1-45　要求及学时

序号	工作步骤	要　　求	学时安排	备注
1	撰写项目总结	能在 60 分钟内完成总结报告撰写，要求提炼问题有价值，能分析检测过程中遇到的问题	2 学时	
2	编制大气降水氟、氯、硝酸盐、亚硝酸盐、硫酸盐检测方案	在 60 分钟内按照要求完成大气降水氟、氯、硝酸盐、亚硝酸盐、硫酸盐检测方案的编写	4 学时	

一、撰写项目总结（表 1-46）

要求：（1）语言精练，无错别字。

（2）编写内容主要包括：学习内容、体会、学习中的优缺点及改进措施。

（3）字数 500 字左右。

表 1-46　项目总结

________________项目总结

一、任务说明

二、工作过程

序号	主要操作步骤	要点
一		
二		
三		
四		
五		
六		
七		

三、遇到的问题及解决措施

四、个人体会

二、编制检测方案（表 1-47）

表 1-47 检测方案

请查阅 GB 13580.5—1992 和附录的作业指导书，编写大气降水氟、氯、硝酸盐、亚硝酸盐、硫酸盐的检测方案。

方案名称：________________

一、任务目标及依据

（填写说明：概括说明本次任务要达到的目标及相关标准和技术资料）

二、工作内容安排

（填写说明：列出工作流程、工作要求、仪器设备和试剂、人员及时间安排等）

工作流程	工作要求	仪器设备和试剂	人员	时间安排

三、验收标准

（填写说明：本项目最终的验收相关项目的标准）

四、有关安全注意事项及防护措施等

（填写说明：对检测的安全注意事项及防护措施，废弃物处理等进行具体说明）

表 1-48 作业指导书

北京市工业技师学院分析检测中心作业指导书	文件编号:GLAC-ZY-J058
主题:大气降水氟、氯、亚硝酸盐、硝酸盐、硫酸盐的检测	第 1 页 共 2 页

本作业指导书依据:GB 13580.5—1992　大气降水氟、氯、亚硝酸盐、硝酸盐、硫酸盐的检测。

1 检测原理

离子色谱法测定阴离子是利用离子交换原理进行分离,由抑制柱扣除淋洗液背景电导,然后利用电导检测器进行测定。根据混合标准溶液中各阴离子出峰的保留时间以及峰高可进行定性和定量测定各种阴离子。

2 技术参数

2.1 F^- 的相对标准偏差为 1.1%,相对误差为 −0.5%;Cl^- 的相对标准偏差为 2.1%,相对误差为 −0.2%;NO_3^- 的相对标准偏差为 1.7%,相对误差为 −0.83%;SO_4^{2-} 的相对标准偏差为 0.8%,相对误差为 −1.7%;NO_2^- 的相对标准偏差为 3.2%,相对误差为 1.3%。

2.2 加标回收率:90%~110%。

2.3 检出限:进样量为 50μL,最低检测浓度分别为 F^- 0.03mg/L、Cl^- 0.03mg/L、NO_3^- 0.05mg/L、SO_4^{2-} 0.10mg/L、NO_2^- 0.05mg/L。

2.4 线性范围:F^- 0.2~5mg/L、Cl^- 0.5~100mg/L、NO_3^- 0.5~100mg/L、SO_4^{2-} 0.5~100mg/L、NO_2^- 0.20~20mg/L。

3 试剂

实验用水都为去离子水(18.2MΩ·cm)。在上机检测时,所有溶液经过 0.45μm 的微孔滤膜过滤。

3.1 氯化物标准溶液(以氯离子计):1000μg/mL(在失效日期以内使用)。

3.2 硝酸盐标准溶液(以氮计):1000μg/mL(在失效日期以内使用)。

3.3 硫酸盐标准溶液(以硫酸根计):1000μg/mL(在失效日期以内使用)。

3.4 氟化物标准溶液(以氟离子计):1000μg/mL(在失效日期以内使用)。

3.5 亚硝酸盐标准溶液(以氮计):100μg/mL(在失效日期以内使用)。

3.6 淋洗贮备液:分别取 25.44g 碳酸钠和 26.04g 碳酸氢钠(均已在 105℃烘干 2h,在干燥器冷却),溶解于水中,移入 1000mL 容量瓶中,用水稀释到标线,摇匀,贮存于聚乙烯瓶中,在冰箱中 2~4℃能保存 6 个月。碳酸钠浓度为 0.24mol/L,碳酸氢钠浓度为 0.31mol/L。

续表

淋洗使用液：取淋洗贮备液10mL移入1000mL容量瓶中，用水稀释到标线，摇匀。倒入淋洗液贮罐中，用超声波脱气1h，然后接到仪器上。每两个月更换一次。

4　实验器材

4.1　容量瓶：100mL、1000mL

4.2　移液管：10mL

4.3　微量注射器

4.4　0.45μm滤膜

4.5　干燥器

5　仪器

5.1　离子色谱仪

5.2　前置柱

5.3　分离柱

5.4　抑制柱或国产电化学抑制器

5.5　分析天平：感量0.0001g

5.6　仪器条件

5.6.1　主机量程：10～30μs

5.6.2　泵流速：2.0mL/min

5.6.3　分离柱温度：25℃

5.6.4　进样体积：50μL

6　操作步骤

6.1　取水样，经0.45μm滤膜过滤后，由微量注射器进样。如果样品峰较大，应根据情况进行稀释。

6.2　根据样品相对含量，绘制标准工作曲线，由样品峰高从校准曲线上查得相应浓度。

7　计算结果

计算公式　$C=MD$

式中　C——样品中待测离子含量，mg/L；

D——样品稀释倍数；

M——由校准曲线上查得样品中待测离子的含量，mg/L。

8　检测注意事项

8.1　水样必须要经过0.45μm滤膜。

8.2　配置淋洗液要注意脱气。

8.3　检测前要先打开仪器，使仪器稳定后再检测。

8.4　注意要把样品稀释到所作标线范围之内。

9　实验中意外事件的应急处理

检测过程中发现安全隐患（断电、仪器故障等突发事件），应立即中断检测，做好前处理样品的中断处理，保证在此种情况下样品中被测组分不损失，不影响检测结果，若无法中断的检测步骤应及时重做。

10　检测完毕

10.1　检测完毕后，及时清洗所用玻璃器皿，打扫实验室。

10.2　实验仪器用完后及时关闭。

编写		审核		批准	

三、评价（表1-49）

请你根据下表要求对本活动中的工作和学习情况进行打分。

表1-49　评价

评分项目			配分	评分细则	自评得分	小组评价	教师评价
素养（20分）	纪律情况（5分）	不迟到，不早退	2分	违反一次扣一分			
		积极思考回答问题	2分	根据上课统计情况得1～2分			
		有书、本、笔，无手机	1分	违反规定每项扣1分			
		执行教师命令	0分	此为否定项，违规酌情扣10～100分，违反校规按校规处理			
	职业道德（5分）	与他人合作	3分	按程度得1～3分			
		认真钻研	2分	按认真程度得1～2分			
	5S（5分）	场地、设备整洁干净	3分	合格得3分；不合格不得分			
		服装整洁	2分	合格得2；分违反一项扣1分			
	职业能力（5分）	总结能力	3分	视总结清晰流畅，问题清晰措施到位情况得1～3分			
		沟通能力	2分	总结汇报良好沟通得1～2分			
核心技术（60分）	技术总结（20分）	语言表达	3分	视流畅通顺情况得1～3分			
		关键步骤提炼	5分	视准确具体情况得5分			
		问题分析	5分	能正确分析出现问题得1～5分			
		时间要求	2分	在60分钟内完成总结得2分；超过5分钟扣1分			
		体会收获	5分	有学习体会收获得1～5分			
	大气降水氟、氯、亚硝酸盐、硝酸盐、硫酸盐的检测方案（40分）	资料使用	5分	正确查阅国家标准得5分；错误不得分			
		目标依据	5分	正确完整得5分；基本完整扣2分			
		工作流程	5分	工作流程正确得5分；错一项扣1分			
		工作要求	5分	要求明确清晰得5分；错一项扣1分			
		人员	5分	人员分工明确，任务清晰得5分；不明确一项扣1分			
		验收标准	5分	标准查阅正确完整得5分；错项漏项一项扣1分			
		仪器试剂	5分	完整正确得5分；错项漏项一项扣1分			
		安全注意事项及防护	5分	完整正确，措施有效得5分；错项漏项一项扣1分			
工作页完成情况（20分）	按时完成工作页（20分）	按时提交	5分	按时提交得5分，迟交不得分			
		完成程度	5分	按情况分别得1～5分			
		回答准确率	5分	视情况分别得1～5分			
		书面整洁	5分	视情况分别得1～5分			
总分							
综合得分（自评20%，小组评价30%，教师评价50%）							
教师评价签字：				组长签字：			

续表

请你根据以上打分情况，对本活动当中的工作和学习状态进行总体评述（从素养的自我提升方面、职业能力的提升方面进行评述，分析自己的不足之处，描述对不足之处的改进措施）。
教师指导意见：

表 1-50　项目总体评价

项次	项目内容	权重	综合得分 （各活动加权平均分×权重）	备注
1	接收任务	10%		
2	制定方案	20%		
3	实施检测	45%		
4	验收交付	10%		
5	总结拓展	15%		
6	合计			
7	本项目合格与否			教师签字：

请你根据以上打分情况，对本项目当中的工作和学习状态进行总体评述（从素养的自我提升方面、职业能力的提升方面进行评述，分析自己的不足之处，描述对不足之处的改进措施）。

教师指导意见：

学习任务二

工业循环冷却水中钠离子、铵离子、钾离子、镁离子和钙离子的测定

任务书

一、任务情境描述

高碑店污水处理厂委托我院分析测试中心对工业循环冷却水质进行常规项目加急仲裁性分析检测，以尽快判断水质情况，从而采取相应措施降低能耗，提高生产效率。我院分析检测中心接到该任务，选择循环冷却水中钠、铵、钾、镁、钙五种离子指标由高级工来完成。请你按照水质标准要求，制定检测方案，完成分析检测，并给高碑店污水处理厂出具检测报告。

工作过程符合5S规范，检测过程符合GB/T 15454—2009《工业循环冷却水中钠、钾、铵、镁和钙离子的测定》标准要求。

二、学习活动及学时分配表（表1-1）

表2-1　学习活动及学时分配

活动序号	学习活动	学时安排	备注
1	接受任务	4学时	
2	制定方案	10学时	
3	实施检测	24学时	
4	验收交付	4学时	
5	总结拓展	6学时	

学习活动一　接受任务

建议学时：4学时

学习要求：通过该活动，我们要明确“分析测试业务委托书”中任务的工作要求，完成离子含量的测定任务。具体工作步骤及要求见表2-2。

表2-2　步骤及要求

序号	工作步骤	要　求	学时安排	备注
1	识读任务书	能快速准确明确任务要求并清晰表达，在教师要求的时间内完成，能够读懂委托书各项内容，离子特征与特点	1学时	
2	确定检测方法和仪器设备	能够选择任务需要完成的方法，并进行时间和工作场所安排，掌握相关理论知识	1学时	
3	编制任务分析报告	能够清晰地描写任务认知与理解等，思路清晰，语言描述流畅	1.5学时	
4	评价		0.5学时	

表 2-3 北京市工业技师学院分析测试中心

分析测试业务委托书

批号：

记录格式编号：AS/QRPD002-10

顾客产品名称	工业循环冷却水	数 量	10
顾客产品描述			
顾客指定的用途			
顾客委托分析测试事项情况记录			
测试项目或参数	钠离子、铵离子、钾离子、镁离子、钙离子		
检测类别	□咨询性检测 √仲裁性检测 □诉讼性检测		
期望完成时间	□普通 年 月 日 √加急 年 月 日 □特急 年 月 日		
顾客对其产品及报告的处置意见			
产品使用完后的处置方式	□顾客随分析测试报告回收； □按废物立即处理； □按副样保存期限保存 √3 个月 □6 个月 □12 个月 □24 个月		
检测报告载体形式	□纸质 □软盘 √电邮	检测报告送达方式	□自取 □普通邮寄 □传真 √电邮
顾客名称（甲方）	北京城市排水集团高碑店污水处理厂	单位名称（乙方）	北京市工业技师学院分析测试中心
地 址	北京市朝阳区高碑店甲一号	地 址	北京市朝阳区化工路 51 号
邮政编码	100022	邮政编码	100023
电 话	010-67745522	电 话	010-67383433
传 真	010-67745523	传 真	010-67383433
E-mail	Zhaijj2011@163. com	E-mail	chunfangli@msn. com
甲方委托人（签名）		甲方受理人（签名）	
委托日期	年 月 日	受理日期	年 月 日

注：1. 本委托书与院 ISO 9001 顾客财产登记表（AS/QRPD754－01 表）等效。

2. 本委托书一式三份，甲方执一份，乙方执两份。甲方“委托人”和乙方“受理人”签字后协议生效。

一、识读任务书

1. 请同学们用红色笔标出委托单当中的关键词，并把关键词抄在下面横线上。

____

____

____

2. 请你从关键词中选择词语组成一句话，说明该任务的要求（要求：包含时间、地点、人物以及事件的具体要求）。

____

____

____

3. 委托书中需要检测的项目有：钠离子、铵离子、钾离子、镁离子和钙离子，请用化学符号进行表示（表 2-4）。

表 2-4 离子化学符号

序号	待测项目	化学符号
1	钠离子	
2	铵离子	
3	钾离子	
4	镁离子	
5	钙离子	

4. 任务要求我们检测工业循环冷却水中多个阳离子指标，请你回忆一下，之前检测过水中哪些阴离子指标，采用的是什么方法？这种方法有哪些优点（表 2-5）？

表 2-5 方法及优点

水中阴离子	测定方法	优点

5. 之前学习过的饮用水中阴离子测定项目中，你认为难度最大的环节是什么，最需要加强练习的环节又是什么（不少于 3 条）？

（1）________

（2）________

（3）________

6. 通过查阅相关标准，工业循环冷却水中阳离子测定的主要步骤是什么？

（1）________

（2）________

（3）________

（4）________

（5）________

7. 请查阅《工业循环冷却水中钠离子、铵离子、钾离子、镁离子和钙离子的测定》GB/T ______，并以表格形式罗列出适合该标准的各离子浓度范围（表 2-6）。

表 2-6　离子浓度范围

序号	阳离子	浓度适应范围/(mg/L)
1	钠离子	
2	铵离子	
3	钾离子	
4	镁离子	
5	钙离子	

如果不在此范围内，怎样进行测定？

____。

8. 工业循环水中哪些阳离子含量过高会导致水垢的形成？水垢的成分有哪些？请查阅相关资料，以小组形式，罗列出阳离子种类及水垢的成分（表 2-7）。

表 2-7　阳离子种类及水垢成分

序号	阳离子	水垢成分
1		
2		
3		
4		
5		
6		

9. 工业循环冷却水的防垢处理方法有哪些？请查阅相关资料，以小组形式，罗列出治理方法（不少于 3 条）。

（1）____

（2）____

（3）____

二、确定检测方法和仪器设备

1. 任务书要求______天内完成该项任务，那么我们选择什么样的检测方法来完成呢？回忆一下之前所完成的工作，方法的选择一般有哪些注意事项？小组讨论完成，列出不少于 3 点，并解释。

（1）____

（2）____

（3）____

2. 请查阅相关国标，并以表格形式罗列出检测项目都有哪些检测方法、特征（表 2-8）。

表 2-8 检测方法及特征

序号	离子	国标	检测方法	特征（主要仪器设备）
1	钠离子			
2	铵离子			
3	钾离子			
4	镁离子			
5	钙离子			

3. 谈谈你对仲裁性检测的理解是什么（不少于 3 条）？

（1）

（2）

（3）

4. 检测方法如何达到加急的要求（不少于 3 条）？

（1）

（2）

（3）

三、编写任务分析报告（表 2-9）

表 2-9　任务分析报告

1. 基本信息

序号	项目	名称	备注
1	委托任务的单位		
2	项目联系人		
3	委托样品		
4	检验参照标准		
5	委托样品信息		
6	检测项目		
7	样品存放条件		
8	样品处置		
9	样品存放时间		
10	出具报告时间		
11	出具报告地点		

2. 任务分析

（1）工业循环冷却水中钠离子、铵离子、钾离子、镁离子和钙离子五种离子分别采用了哪些检测方法？

（2）针对工业循环冷却水中上述五种离子不同的检测方法你准备分别选择哪一种？选择的依据是什么？

序号	检测项目	选择方法	选择依据
1	钠离子		
2	铵离子		
3	钾离子		
4	镁离子		
5	钙离子		

（3）选择方法所使用的仪器设备列表

序号	离子	检测方法	主要仪器设备
1	钠离子		
2	铵离子		
3	钾离子		
4	镁离子		
5	钙离子		

四、评价（表 2-10）

表 2-10 评价

项次	项目要求		配分	评分细则	自评得分	小组评价	教师评价
素养（20分）	纪律情况（5分）	按时到岗，不早退	2分	缺勤全扣，迟到、早退出现一次扣1分			
		积极思考回答问题	2分	根据上课统计情况得1～2分			
		学习用品准备	1分	自己主动准备好学习用品并齐全			
		执行教师命令	0分	此为否定项，违规酌情扣10～100分，违反校规按校规处理			
	职业道德（6分）	主动与他人合作	2分	主动合作得2分；被动合作得1分			
		主动帮助同学	2分	能主动帮助同学得2分；被动得1分			
		严谨、追求完美	2分	对工作精益求精且效果明显得2分；对工作认真得1分；其余不得分			
	5S（4分）	桌面、地面整洁	2分	自己的工位桌面、地面整洁无杂物，得3分；不合格不得分			
		物品定置管理	2分	按定置要求放置得2分；其余不得分			
	阅读能力（5分）	快速阅读能力	5分	能快速准确明确任务要求并清晰表达得5分；能主动沟通在指导后达标得3分；其余不得分			
核心技术（60分）	识读任务书（20分）	委托书各项内容	5分	能全部掌握得5分；部分掌握得2～3分；不清楚不得分			
		阴离子测定方法的优点及难点	5分	总结全面到位得5分；部分掌握得3～4分；不清楚不得分			
		阳离子测定标准查阅及总结	5分	全部阐述清晰得5分；部分阐述得3～4分；不清楚不得分			
		阳离子危害及防治	5分	全部阐述清晰得5分；部分阐述得3～4分；不清楚不得分			
	列出检测方法和仪器设备（15分）	每种离子检测方法的罗列齐全	5分	方法齐全，无缺项得5分；每缺一项扣1分，扣完为止			
		列出的相对应的仪器设备齐全	5分	齐全无缺项得5分；有缺项扣1分；不清楚不得分			
		对仲裁性及加急检测的理解与要求	5分	全部阐述清晰5分；部分阐述3～4分；不清楚不得分			
	任务分析报告（25分）	基本信息准确	5分	能全部掌握得5分；部分掌握得1～4分；不清楚不得分			
		每种离子最终选择的检测方法合理有效	5分	全部合理有效得5分，有缺项或者不合理扣1分			
		检测方法选择的依据阐述清晰	5分	清晰能得5分，有缺陷或者无法解释的每项扣1分			
		选择的检测方法与仪器设备匹配	5分	已选择的检测方法的仪器设备清单齐全得5分；有缺项或不对应的扣1分			
		文字描述及语言	5分	语言清晰流畅得5分；文字描述不清晰，但不影响理解与阅读得3分；字迹潦草无法阅读得0分			
工作页完成情况（20分）	按时、保质保量完成工作页（20分）	按时提交	4分	按时提交得4分，迟交不得分			
		书写整齐度	3分	文字工整、字迹清楚得3分			
		内容完成程度	4分	按完成情况分别得1～4分			
		回答准确率	5分	视准确率情况分别得1～5分			
		有独到的见解	4分	视见解程度分别得1～4分			
		合计	100分				
总分[加权平均分（自评20%，小组评价30%，教师评价50%）]							
组长签字				教师评价签字			

续表

请你根据以上打分情况，对本活动当中的工作和学习状态进行总体评述（从素养的自我提升方面、职业能力的提升方面进行评述，分析自己的不足之处，描述对不足之处的改进措施）。
教师指导意见：

学习活动二　制定方案

建议学时：10学时

学习要求：通过对工业循环冷却水中钠离子、铵离子、钾离子、镁离子和钙离子的测定方法的分析，编制工作流程表、仪器设备清单，完成检测方案的编制。具体要求见表2-11。

表 2-11　要求及学时

序号	工作步骤	要　　求	学时安排	备注
1	编制工作流程	在45分钟内完成，流程完整，确保检测工作顺利有效完成	1学时	
2	编制仪器设备清单	仪器设备、材料清单完整，满足离子色谱检测试验进程和客户需求	2.5学时	
3	编制检测方案	在90分钟内完成编写，任务描述清晰，检验标准符合客户要求、国标方法要求，工作标准、工作要求、仪器设备等与流程内容一一对应	6学时	
4	评价		0.5学时	

一、编制工作流程（表 2-12、表 2-13）

1. 我们之前完成了饮用水中阴离子的检测项目，回忆一下分析检测项目的主要工作流程一般可分为 5 部分完成，分别是配制溶液、确认仪器状态、验证检测方法、实施分析检测和出具检测报告。

请回忆一下，各部分的主要工作任务有哪些呢？各部分的工作要求分别是什么？大约需要花费多少时间呢？

表 2-12　任务名称：＿＿＿＿＿＿＿＿

序号	工作流程	主要工作内容	评价标准	花费时间/h
1	配制溶液			
2	确认仪器状态			
3	验证检测方法			
4	实施分析检测			
5	出具检测报告			

2. 请你分析本项目选择的检测方法和作业指导书，写出工作流程，并写出完成的具体工作内容和要求（表 2-13）。

表 2-13　工作流程、内容及要求

序号	工作流程	主要工作内容	要求
1			
2			
3			
4			
5			
6			
7			
8			
9			
10			

二、编制仪器设备清单

1. 为了完成检测任务，需要用到哪些试剂呢？请列表完成（表 2-14）。

表 2-14 试剂清单

序号	试剂名称	规格	配制方法
1			
2			
3			
4			
5			
6			
7			
8			
9			
10			

2. 为了完成检测任务，需要用到哪些仪器设备呢？请列表完成（表 2-15）。

表 2-15　仪器设备清单

序号	仪器名称	规格	作用	是否会操作
1				
2				
3				
4				
5				
6				
7				
8				
9				
10				

3. 如何配制 1000mg/L 贮备阳离子标准溶液呢（表 2-16）？

表 2-16 配制 1000mg/L 贮备阳离子标准溶液

离子名称	采用的试剂	试剂纯度等级	称量______g,定容至______mL

举例，写出一种离子的计算过程。

三、编制检测方案（表 2-17）

表 2-17　检测方案

方案名称：________________

一、任务目标及依据

（填写说明：概括说明本次任务要达到的目标及相关标准和技术资料）

二、工作内容安排

（填写说明：列出工作流程、工作要求、仪器设备和试剂、人员及时间安排等）

工作流程	工作要求	仪器设备及试剂	人员	时间安排

三、验收标准

（填写说明：本项目最终的验收相关项目的标准）

四、有关安全注意事项及防护措施等

（填写说明：对检测的安全注意事项及防护措施，废弃物处理等进行具体说明）

四、评价（表 2-18）

表 2-18 评价

评分项目			配分	评分细则	自评得分	小组评价	教师评价
素养（20分）	纪律情况（5分）	不迟到，不早退	2分	违反一次不得分			
		积极思考回答问题	2分	根据上课统计情况得1～2分			
		三有一无（有本、笔、书，无手机）	1分	违反规定每项扣1分			
		执行教师命令	0分	此为否定项，违规酌情扣10～100分，违反校规按校规处理			
	职业道德（5分）	与他人合作	2分	不符合要求不得分			
		追求完美	3分	对工作精益求精且效果明显得3分；对工作认真得2分；其余不得分			
	5S（5分）	场地、设备整洁干净	3分	合格得3分；不合格不得分			
		服装整洁，不佩戴饰物	2分	合格得2分；违反一项扣1分			
	职业能力（5分）	策划能力	3分	按方案策划逻辑性得1～5分			
		资料使用	2分	正确查阅作业指导书和标准得2分；错误不得分			
		创新能力*（加分项）	5分	项目分类、顺序有创新，视情况得1～5分			
核心技术（60分）	时间（5分）	时间要求	5分	90分钟内完成得5分；超时10分钟扣2分			
	目标依据（5分）	目标清晰	3分	目标明确，可测量得1～3分			
		编写依据	2分	依据资料完整得2分；缺一项扣1分			
	检测流程（15分）	项目完整	7分	完整得7分；漏一项扣1分			
		顺序	8分	全部正确得8分；错一项扣1分			
	工作要求（5分）	要求清晰准确	5分	完整正确得5分；错项漏项一项扣1分			
	仪器设备试剂（10分）	名称完整	5分	完整、型号正确得5分；错项漏项一项扣1分			
		规格正确	5分	数量型号正确得5分；错一项扣1分			
	人员（5分）	组织分配合理	5分	人员安排合理，分工明确得5分；组织不适一项扣1分			
	验收标准（5分）	标准	5分	标准查阅正确、完整得5分；错、漏一项扣1分			
	安全注意事项及防护等（10分）	安全注意事项	5分	归纳正确、完整得5分			
		防护措施	5分	按措施针对性，有效性得1～5分			
工作页完成情况（20分）	按时完成工作页（20分）	按时提交	5分	按时提交得5分，迟交不得分			
		完成程度	5分	按情况分别得1～5分			
		回答准确率	5分	视情况分别得1～5分			
		书面整洁	5分	视情况分别得1～5分			
总分							
综合得分（自评20%，小组评价30%，教师评价50%）							
教师评价签字：				组长签字：			

续表

请你根据以上打分情况，对本活动当中的工作和学习状态进行总体评述（从素养的自我提升方面、职业能力的提升方面进行评述，分析自己的不足之处，描述对不足之处的改进措施）。
教师指导意见：

学习活动三 实施检测

建议学时：24学时

学习要求：按照检测实施方案中的内容，完成工业循环冷却水中钠离子、铵离子、钾离子、镁离子和钙离子的测定含量分析，过程中符合安全、规范、环保等5S要求，具体要求见表2-19。

表2-19 要求及学时

序号	工作步骤	要求	学时安排	备注
1	配制溶液	规定时间内完成溶液配制，准确，原始数据记录规范，操作过程规范	4学时	
2	确认仪器状态	能够在阅读仪器的操作规程指导下，正确的操作仪器，并对仪器状态进行准确判断	6学时	
3	验证检测方法	能够根据方法验证的参数，对方法进行验证，并判断方法是否合适	6学时	
4	实施分析检测	严格按照标准方法和作业指导书要求实施分析检测，最后得到样品数据	7.5学时	
5	评价		0.5学时	

一、安全注意事项

现在我们要学习一个新的检测任务：工业循环冷却水中钠离子、铵离子、钾离子、镁离子和钙离子的测定——离子色谱法，请根据以前学过的饮用水中阴离子的检测任务，说明阴离子检测需要注意的安全注意事项，并总结阳离子检测的安全注意事项和阴离子检测的区别。

阴离子检测____

阳离子检测____

二、配制溶液

阅读学习材料1　离子标准贮备液配制方法

◆ 配制 1000mg/L 贮备标准溶液

■ 阳离子贮备标准溶液：称取适量，用高纯水稀释

■ 贮备液（g）100mL：0.1M（M 为盐或离子的摩尔质量）

◆ 配制混合标准工作溶液

■ 吸取适量的贮备液，用高纯水稀释至刻度，摇匀

◆ 保存

■ 使用聚丙烯（PP）瓶，保存在暗处及 4℃左右（通常可以保存 6 个月）

■ mg/L 级浓度的混合标准不能长期保存，应经常配制

■ μg/L 级浓度的混合标准应在使用前临时配制

注：淋洗液要经常更换。

1. 请完成标准贮备液（1000mg/L）的配制，并做好原始记录（表 2-20）。

表 2-20　标准贮备液配制

离子名称	采用的试剂	试剂纯度等级	称量____g，定容至____mL

2. 你们小组设计的标准工作液浓度是：________

表 2-21 标准工作液浓度

离子名称	混合标准 1(浓度)/(mg/L)	混合标准 2(浓度)/(mg/L)	混合标准 3(浓度)/(mg/L)	混合标准 4(浓度)/(mg/L)	混合标准 5(浓度)/(mg/L)

记录配制过程：

(1) ________

(2) ________

(3) ________

(4) ________

(5) ________

你的小组在配制过程中的异常现象及处理方法：

(1) ________

(2) ________

(3) ________

(4) ________

阅读学习材料 2 淋洗液配制方法

◆ 阴离子淋洗液的配制

■ 碳酸盐（适用的色谱柱 AS4A、AS12A、AS14 等）

配 100*x* 浓度的淋洗液作为贮备液，使用时用高纯水稀释

■ 氢氧化钠（适用的色谱柱 AS10、AS11、AS15、AS16 等）

配制 50%（*w*/*w*）NaOH 储备溶液，使用时用高纯水稀释

◆ 阳离子淋洗液的配制

■ 甲烷磺酸（MSA）

取一定浓度的 MSA 配成贮备液（可以配制为 1mol/L 的储备液）

◆ 保存

■ 使用聚丙烯（PP）瓶，保存在暗处及 4℃左右（通常可以保存 6 个月）

■ 淋洗液要经常更换

3. 你们小组选择的淋洗液是：________，选择的理由是________。
记录其配制过程：

(1) ________

(2) ________

(3) ________

(4) ________

(5) ________

你的小组在配制过程中的异常现象及处理方法：

(1) ________

(2) ________

(3) ________

(4) ________

三、确认仪器状态

1. 阳离子色谱的流路图如图 2-1 所示，请将图中英文翻译成中文，并完成流路分析。
去离子水从________❶经脱气泵（选装件）→________❷→________❸→________❹→________❺→________❻→________❼→________❽→________❾→________❿→________⓫→________⓬。

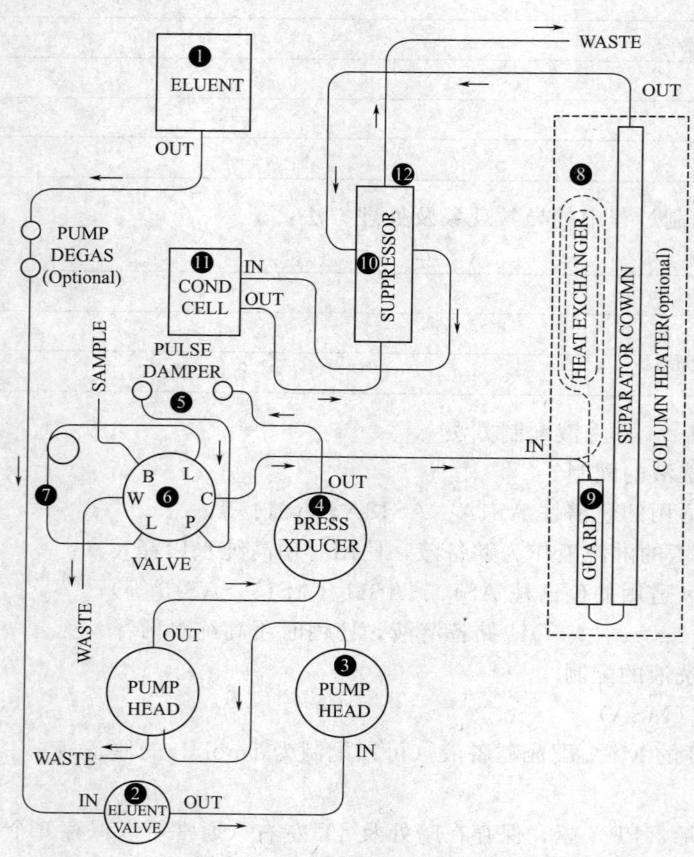

图 2-1　阳离子色谱的流路图

2. 根据离子色谱的流路图，试说出阴离子系统和阳离子系统的异同有哪些（表 2-22）？

表 2-22 阴离子系统与阳离子系统的异同

项目	相同点	不同点
阴离子系统		
阳离子系统		

3. 在你的实验室有哪些品牌的离子色谱仪，说明同一厂家不同系列的区别（表 2-23）。

表 2-23 仪器及优缺点

仪器厂家	仪器	优点	缺点

4. 完成任务过程中，淋洗液为________，选择的色谱柱是________，请你说出更换色谱柱的简要操作方法。

（1）________________

（2）________________

5. 我们选择的抑制器型号是________。在更换抑制器时需要对抑制器进行活化，请你说出活化抑制器的操作步骤：

（1）________________

（2）________________

（3）________________

（4）________________

6. 请阅读离子色谱仪器操作规程，完成开机操作，并记录离子色谱仪器的开机过程（表 2-24）。

表 2-24 开机过程

步骤序号	内容	观察到的现象及注意事项
1		
2		
3		
4		
5		

7. 请阅读离子色谱仪器操作规程，完成程序文件、方法文件和批处理表的编辑，并记录各文件的主要参数。主要说明阳离子系统与阴离子系统在程序文件编制时的不同（表2-25）。

表 2-25　文件主要参数及含义

文件	主要参数及含义
程序文件	
方法文件	
批处理表	

8. 按照操作规程，记录仪器状态，并判断仪器状态是否稳定（表2-26）。

表 2-26　仪器状态

仪器编号		组别	
参数	数值	是否正常	非正常处理方法

9. 完成仪器准备确认单（表2-27）。

表 2-27　仪器准备确认单

序号	仪器名称	状态确认	
		可行	否,解决办法
1			
2			
3			
4			
5			
6			
7			
8			
9			

四、验证检测方法（表 2-28~ 表 2-31）

表 2-28 检测方法验证评估表

记录格式编号：AS/QRPD002-40

方法名称			
方法验证时间		方法验证地点	
方法验证过程：			
方法验证结果： 验证负责人： 日期：			

方法验证人员	分工	签字

表 2-29 检测方法试验验证报告

记录格式编号：AS/QRPD002-41

方法名称					
方法验证时间			方法验证地点		
方法验证依据					
方法验证结果					

验证人：　　　　　　　　校核人：　　　　　　　　日期：

表 2-30 新检测项目试验验证确认报告

记录格式编号：AS/QRPD002-52

<table>
<tr><td>方法名称</td><td colspan="3"></td></tr>
<tr><td>检测参数</td><td colspan="3"></td></tr>
<tr><td>检测依据</td><td colspan="3"></td></tr>
<tr><td>方法验证时间</td><td></td><td>方法验证地点</td><td></td></tr>
<tr><td>验证人</td><td></td><td>验证人意见</td><td></td></tr>
<tr><td colspan="4">技术负责人意见

签字：　　　日期：</td></tr>
<tr><td colspan="4">中心主任意见

签字：　　　日期：</td></tr>
</table>

方法验证主要验证哪些参数呢？请记录工作过程（表 2-31）。

表 2-31 参数及工作过程

序号	参数	工作过程
1		
2		
3		
4		
5		
6		

五、实施分析检测

1. 请记录检测过程中出现的问题及解决方法（表 2-32）。

表 2-32　问题、解决方法及原因分析

序号	出现的问题	解决方法	原因分析
1			
2			
3			
4			
5			

2. 请做好实验记录，并且在仪器旁的仪器使用记录上进行签字（表 2-33）。

表 2-33　实验记录

小组名称		组员	
仪器型号/编号		所在实验室	
淋洗液		基线电导	
色谱柱类型		检测器	
抑制器类型		抑制器电流	
流速		柱压力	
仪器使用是否正常			
组长签名/日期			

表 2-34 北京市工业技师学院分析测试中心工业循环冷却水中钠离子、铵离子、钾离子、镁离子和钙离子的测定原始记录

编号：GLAC-JL-R058-1 序号：

样品类别： 检测日期：

样品状态：与任务书是否一致：□一致 □不一致

不一致的样品编号及相关说明：________________。

检测项目：

检测依据：GB/T 15454—2009 工业循环冷却水中钠离子、铵离子、钾离子、镁离子和钙离子的测定-离子色谱法

仪器名称：DX-120 离子色谱 仪器编号：00100557

检测地点：JC－106 室内温度： ℃ 室内湿度： %

标准物质标签： 见：GLAC-JL-42-标准物质溶液稀释表（序号： ）

标准工作液名称	编号	浓度/(mg/L)	配制人	配制日期	失效日期

标准物质工作曲线

工作曲线标准物质浓度/(mg/L)					
峰面积					
回归方程				r	

标准物质工作曲线

工作曲线标准物质浓度/(mg/L)					
峰面积					
回归方程				r	

标准物质工作曲线

工作曲线标准物质浓度/(mg/L)					
峰面积					
回归方程				r	

标准物质工作曲线

工作曲线标准物质浓度/(mg/L)					
峰面积					
回归方程				r	

标准物质工作曲线

工作曲线标准物质浓度/(mg/L)					
峰面积					
回归方程				r	

标准物质工作曲线

工作曲线标准物质浓度/(mg/L)					
峰面积					
回归方程				r	

计算公式：$C=MD$

式中　C——样品中待测离子含量，mg/L；

M——由校准曲线上查得样品中待测离子的含量，mg/L；

D——样品稀释倍数。

检测结果：

检出限：

检测结果保留三位有效数字

编号：GLAC-JL-R058-1

序号：

样品编号	样品名称	M/(mg/L)	D	测得含量 C/(mg/L)	平均值 /(mg/L)	实测值 /(mg/L)	测得偏差 /%	允许偏差 /%

检测人：　　　　　　　　　　　　校核人：

第　页共　页

• **小测验**

现有一已知准确浓度的阳离子的水溶液，其证书上标准浓度见表 2-35。

表 2-35 离子标准浓度

离子名称	钠离子	铵离子	钾离子	镁离子	钙离子
浓度值/(mg/L)	10±0.34	8.0±0.27	8.0±0.16	10.0±0.40	10.0±0.44

某实验小组用离子色谱法测定其中的阳离子含量。其检测结果见表 2-36。

表 2-36 阳离子含量

离子名称	钠离子	铵离子	钾离子	镁离子	钙离子
浓度值/(mg/L)	10±0.34	8.0±0.27	8.0±0.16	10.0±0.40	10.0±0.44
测定值/(mg/L)	10.13	7.29	10.04	8.11	20.14
	10.14	7.28	10.08	8.06	20.11

(1) 请问，各例子的检测结果是否合理?

(2) 如果不合理，请经过小组讨论分析其可能的原因（列出不少于 3 条）。

(3) 以上的操作方法是以标准溶液的真实值来进行检测结果准确度的评估。这种方法可以作为样品检测中的质控方法。请查阅资料，回答分析检测过程中还有哪些质控方法呢?

六、教师考核表（表 2-37）

表 2-37 教师考核表

工业循环冷却水中钠离子、铵离子、钾离子、镁离子和钙离子的测定 实施检测方案工作流程评价表						
第一阶段：配制溶液（10 分）			正确	错误	分值	得分
1	配制流动相	流动相药品准备			4 分	
2		流动相药品选择				
3		流动相药品干燥				
4		流动相药品称量				
5		流动相药品转移定容				
6		流动相保存				
7	配制标准溶液（备注：需要填写标准溶液配制记录）	标准溶液药品准备			4 分	
8		标准溶液药品选择				
9		标准溶液药品干燥				
10		标准溶液药品称量				
11		标准溶液药品转移定容				
12		标准溶液保存				
13	配制标准工作液	标准溶液离子浓度计算			2 分	
14		标准溶液离子移取定容				
15		标准溶液离子保存				
第二阶段：确认仪器设备状态（25 分）			正确	错误	分值	得分
16	认知仪器	淋洗液瓶位置			5 分	
17		脱气泵位置				
18		淋洗液阀位置				
19		泵位置				
20		压力传感器位置				
21		阻尼器位置				
22		淋洗液发生器位置				
23		CR-TC 位置				
24		淋洗液发生器的脱气盒位置				
25		进样阀位置				
26		样品环位置				
27		热交换器位置				
28		保护柱/分离柱位置				
29		抑制器位置				
30		电导池位置				
31		废液位置				
32	确认仪器状态	检查仪器水电气			20 分	
33		检查色谱柱类型				
34		检查抑制器类型				
35		检查流动相类型				
36		打开 N_2 钢瓶总阀				
37		调节钢瓶减压器上的分压表指针为 0.2MPa 左右				
38		调节色谱主机上的减压表指针为 5psi 左右				
39		确认离子色谱与计算机数据线连接				
40		打开离子色谱主机的电源				
41		选择 Chromeleon＞Sever Monitor				
42		双击在桌面上的工作站主程序				
43		打开离子色谱操作控制面板				
44		选中 Connected 使软件和离子色谱连接				
45		打开泵头废液阀排除泵和管路里的气泡				
46		关闭泵头废液阀				
47		开泵启动仪器				
48		检查管路有无漏液				

续表

工业循环冷却水中钠离子、铵离子、钾离子、镁离子和钙离子的测定 实施检测方案工作流程评价表						
第二阶段:确认仪器设备状态(25分)			正确	错误	分值	得分
49	确认仪器状态	稳定仪器时间			20分	
50		关闭泵				
51		关闭操作软件				
52		选择 Sever Monitor,出现对话界面后点击 Stop 关闭				
53		关闭离子色谱主机的电源				
54		关闭 N_2 钢瓶总阀并将减压表卸压				
55		关闭计算机、显示器的电源开关				
第三阶段:检测方法验证(10分)			正确	错误	分值	得分
56	填写检测方法验证评估表				10分	
57	填写检测方法试验验证报告					
58	填写新检测项目试验验证确认报告					
备注:需要填写检测方法验证原始记录						
第四阶段:实施分析检测(25分)			正确	错误	分值	得分
59	检查流速				25分	
60	检查淋洗液浓度					
61	检查抑制器电流					
62	查看基线15min,稳定后分析					
63	建立程序文件(program file)					
64	建立方法文件(method file)					
65	建立样品表文件					
66	加入样品到自动进样器					
67	启动样品表					
68	建立标准曲线,曲线浓度填写					
69	标准曲线线性相关系数					
70	标准曲线线性方程					
71	样品检测结果记录					
72	质控样品检测结果记录					
73	样品检测结果自平行					
74	质控样品检测结果自平行					
备注:需要填写检测结果原始记录						
第五阶段:原始记录评价(10分)			正确	错误	分值	得分
75	填写标准溶液原始记录				10分	
76	填写仪器操作原始记录					
77	填写检测方法验证原始记录					
78	填写检测结果原始记录					
工业循环冷却水中钠离子、铵离子、钾离子、镁离子和钙离子的测定 项目分值小计					80分	
综合评价项目		详细说明			分值	得分
1	基本操作规范性	动作规范准确得3分			3分	
		动作比较规范,有个别失误得2分				
		动作较生硬,有较多失误得1分				
2	熟练程度	操作非常熟练得5分			5分	
		操作较熟练得3分				
		操作生疏得1分				
3	分析检测用时	按要求时间内完成得3分			3分	
		未按要求时间内完成得2分				
4	实验室5S	实验台符合5S得2分			2分	
		实验台不符合5S得1分				
5	礼貌	对待考官礼貌得2分			2分	
		欠缺礼貌得1分				
6	工作过程安全性	非常注意安全得5分			5分	
		有事故隐患得1分				
		发生事故得0分				
综合评价项目分值小计					20分	
总成绩分值合计					100分	

七、评价（表 2-38）

表 2-38　评价

<table>
<tr><th colspan="3">评分项目</th><th>配分</th><th>评分细则</th><th>自评得分</th><th>小组评价</th><th>教师评价</th></tr>
<tr><td rowspan="11">素养
（20分）</td><td rowspan="4">纪律情况
（5分）</td><td>不迟到，不早退</td><td>2分</td><td>违反一次不得分</td><td></td><td></td><td></td></tr>
<tr><td>积极思考回答问题</td><td>2分</td><td>根据上课统计情况得1～2分</td><td></td><td></td><td></td></tr>
<tr><td>三有一无（有本、笔、书，无手机）</td><td>1分</td><td>违反规定每项扣1分</td><td></td><td></td><td></td></tr>
<tr><td>执行教师命令</td><td>0分</td><td>此为否定项，违规酌情扣10～100分，违反校规按校规处理</td><td></td><td></td><td></td></tr>
<tr><td rowspan="2">职业道德
（5分）</td><td>与他人合作</td><td>2分</td><td>不符合要求不得分</td><td></td><td></td><td></td></tr>
<tr><td>追求完美</td><td>3分</td><td>对工作精益求精且效果明显得3分；对工作认真得2分；其余不得分</td><td></td><td></td><td></td></tr>
<tr><td rowspan="2">5S
（5分）</td><td>场地、设备整洁干净</td><td>3分</td><td>合格得3分；不合格不得分</td><td></td><td></td><td></td></tr>
<tr><td>服装整洁，不佩戴饰物</td><td>2分</td><td>合格得2分；违反一项扣1分</td><td></td><td></td><td></td></tr>
<tr><td rowspan="3">职业能力
（5分）</td><td>策划能力</td><td>3分</td><td>按方案策划逻辑性得1～3分</td><td></td><td></td><td></td></tr>
<tr><td>资料使用</td><td>2分</td><td>正确查阅作业指导书和标准得2分；错误不得分</td><td></td><td></td><td></td></tr>
<tr><td>创新能力*（加分项）</td><td>5分</td><td>项目分类、顺序有创新，视情况得1～5分</td><td></td><td></td><td></td></tr>
<tr><td>核心技术
（60分）</td><td colspan="7">教师考核分________×0.6=________</td></tr>
<tr><td rowspan="4">工作页完成情况
（20分）</td><td rowspan="4">按时完成工作页
（20分）</td><td>按时提交</td><td>5分</td><td>按时提交得5分，迟交不得分</td><td></td><td></td><td></td></tr>
<tr><td>完成程度</td><td>5分</td><td>按情况分别得1～5分</td><td></td><td></td><td></td></tr>
<tr><td>回答准确率</td><td>5分</td><td>视情况分别得1～5分</td><td></td><td></td><td></td></tr>
<tr><td>书面整洁</td><td>5分</td><td>视情况分别得1～5分</td><td></td><td></td><td></td></tr>
<tr><td colspan="5">总分</td><td></td><td></td><td></td></tr>
<tr><td colspan="5">综合得分（自评20%，小组评价30%，教师评价50%）</td><td colspan="3"></td></tr>
<tr><td colspan="4">教师评价签字：</td><td colspan="4">组长签字：</td></tr>
<tr><td colspan="8">请你根据以上打分情况，对本活动当中的工作和学习状态进行总体评述（从素养的自我提升方面、职业能力的提升方面进行评述，分析自己的不足之处，描述对不足之处的改进措施）。</td></tr>
<tr><td colspan="8">教师指导意见：</td></tr>
</table>

学习活动四　验收交付

建议学时：4学时

学习要求：能够对检测原始数据进行数据处理并规范完整的填写报告书，并对超差数据原因进行分析，具体要求见表2-39。

表2-39　要求及学时

序号	工作步骤	要　求	学时安排	备注
1	编制数据评判表	计算精密度、准确度、相关系数、互平行数据并填写评判表	2学时	
2	编写成本核算表	能计算耗材和其他检测成本	1学时	
3	填写检测报告	依据规范出具检测报告校对、签发	0.5学时	
4	评价	按评价表对学生各项表现进行评价	0.5学时	

一、编制数据评判表

1. 对原始记录数据进行计算，并将计算结果填写在原始记录报告单上。

2. 请写出离子含量计算公式、精密度计算公式和质量控制计算公式？并举例进行计算。

3. 数据评判表（表 2-40）

表 2-40　数据评判表

（1）相关规定

①精密度≤10%，满足精密度要求

精密度>10%，不满足精密度要求

②相关系数≥0.995，满足要求

相关系数<0.995，不满足要求

③互平行≤15%，满足精密度要求

互平行>15%，不满足精密度要求

④质控范围　90%～120%

（2）实际水平及判断：符合准确性要求：是□否□

①精密度判断

内容	钠离子	氨离子	钾离子	镁离子	钙离子
精密度测定值					
判定结果是或否					

续表

②工作曲线相关系数判断

内容	钠离子	氨离子	钾离子	镁离子	钙离子
相关系数					
判定结果是或否					

③互平行判断

内容	钠离子	氨离子	钾离子	镁离子	钙离子
互平行测定值					
判定结果是或否					

④质控结果　测定结果可靠性对比判断表

内容	钠离子	氨离子	钾离子	镁离子	钙离子
质控样测定值					
质控样真实值					
回收率/%					
判定结果					

（3）若不能满足规定要求时，请小组讨论，说明是什么原因造成的？

二、编写成本核算表（表 2-41、表 2-42）

1. 请小组讨论，回顾整个任务的工作过程，罗列出我们所使用的试剂耗材，并参考库房管理员提供的价格清单，对此次任务的单个样品使用耗材进行成本估算。

表 2-41 单个样品使用耗材成本估算

序号	试剂名称	规格	单价/元	使用量	成本/元
1					
2					
3					
4					
5					
6					
7					
8					
9					
10					
11					
12					
13					
合计					

2. 工作中，除了试剂耗材成本以外，要完成一个任务，还有哪些成本呢？比如人工成本、固定资产折旧等，请小组讨论，罗列出至少 3 条，并写出，如何有效地在保证质量的基础上控制成本呢？

表 2-42 其他成本

序号	项目	单价/元	使用量	成本/元
1				
2				
3				
4				
5				
6				
7				
8				
9				

三、填写检测报告书

如果检测数据评判合格，按照报告单的填写程序和填写规定认真填写检测报告书；如果评判数据不合格，需要重新检测数据合格后填写检测报告。

北京市工业技师学院
分析测试中心

检 测 报 告 书

检品名称＿＿＿＿＿＿＿＿＿＿＿＿＿＿＿＿＿＿＿＿

被检单位＿＿＿＿＿＿＿＿＿＿＿＿＿＿＿＿＿＿＿＿

报告日期　　年　　月　　日

检测报告书首页

北京市工业技师学院分析测试中心

字（20 年）第 号

共3页，第1页

检品名称＿＿＿＿＿＿ 检测类别 委托(送样)

被检单位＿＿＿＿＿＿ 检品编号＿＿＿＿＿＿

生产厂家＿＿＿＿＿＿ 检测目的＿＿＿＿＿＿ 生产日期＿＿＿＿＿＿

检品数量＿＿＿＿＿＿ 包装情况＿＿＿＿＿＿ 采样日期＿＿＿＿＿＿

采样地点＿＿＿＿＿＿ 检品性状＿＿＿＿＿＿ 送检日期＿＿＿＿＿＿

检测项目＿＿＿＿＿＿

检测及评价依据：

本栏目以下无内容

结论及评价：

本栏目以下无内容

检测环境条件： 温度： 相对湿度： 气压：

主要检测仪器设备：

名称 编号 型号

名称 编号 型号

报告编制： 校对： 签发： 盖章

年 月 日

项目名称	限值	测定值	判定

报告书包括封面、首页、正文（附页）、封底，并盖有计量认证章、检测章和骑缝章。

四、评价（表 2-43）

请你根据下表要求对本活动中的工作和学习情况进行打分。

表 2-43 评价

项目要求			配分	评分细则	自评得分	小组评价	教师评价
素养（20 分）	纪律情况（5 分）	按时到岗，不早退	2 分	违反规定，每次扣 5 分			
		积极思考回答问题	2 分	根据上课统计情况得 1～2 分			
		三有一无（有本、笔、书，无手机）	1 分	违反规定每项扣 1 分			
		执行教师命令	0 分	此为否定项，违规酌情扣 10～100 分，违反校规按校规处理			
	职业道德（10 分）	能与他人合作	3 分	不符合要求不得分			
		数据填写	3 分	能客观真实得 3 分；篡改数据 0 分			
		追求完美	4 分	对工作精益求精且效果明显得 4 分 对工作认真得 3 分；其余不得分			
	成本意识（5 分）		5 分	有成本意识，使用试剂耗材节约，计算成本量 5 分达标得 3 分；其余不得分			
核心技术（60 分）	数据处理（5 分）	能独立进行数据的计算和取舍	5 分	独立进行数据处理得 5 分；在同学老师的帮助下完成，可得 2 分			
	数据评判（40 分）	能正确评判工作曲线和相关系数	10 分	能正确评判合格与否得 10 分；评判错误不得分			
		能够评判精密度是否合格	10 分	自平行≤5%得 10 分；5%～10%之间得 0～10 分；自平行>10%不得分			
		能够达到互平行标准	10 分	互平行≤10%得 10 分；10%～15%之间得 0～10 分；自平行>15%不得分			
		能够达到质控标准	10 分	能够达到质控值得 10 分			
	报告填写（15 分）	填写完整规范	5 分	完整规范得 5 分，涂改填错一处扣 2 分			
		能够正确得出样品结论	5 分	结论正确得 5 分			
		校对签发	5 分	校对签发无误得 5 分			
工作页完成情况（20 分）	按时完成工作页（20 分）	及时提交	5 分	按时提交得 5 分，迟交不得分			
		内容完成程度	5 分	按完成情况分别得 1～5 分			
		回答准确率	5 分	视准确率情况分别得 1～5 分			
		有独到的见解	5 分	视见解情况分别得 1～5 分			
总分							
加权平均（自评 20%，小组评价 30%，教师评价 50%）							
教师评价签字：			组长签字：				

续表

请你根据以上打分情况，对本活动当中的工作和学习状态进行总体评述（从素养的自我提升方面、职业能力的提升方面进行评述，分析自己的不足之处，描述对不足之处的改进措施）。
教师指导意见：

学习活动五　总结拓展

建议学时：6学时

学习要求：通过本活动总结本项目的作业规范和核心技术并通过同类项目练习进行强化（表2-44）。

表 2-44　要求及学时

序号	工作步骤	要　　求	学时安排	备注
1	撰写项目总结	能在60分钟内完成总结报告撰写，要求提炼问题有价值，能分析检测过程中遇到的问题	2学时	
2	编制饮用水中钠离子、钾离子、镁离子、钙离子的测定方案	在60分钟内按照要求完成饮用水中钠离子、钾离子、镁离子、钙离子的测定方案的编写	3.5学时	
3	评价		0.5学时	

一、撰写项目总结（表 2-45）

要求：（1）语言精练，无错别字。

（2）编写内容主要包括：学习内容、体会、学习中的优缺点及改进措施。

（3）要求字数 500 字左右，在 60 分钟内完成。

表 2-45 项目总结

项目总结________________

一、任务说明

二、工作过程

序号	主要操作步骤	主要要点
一		
二		
三		
四		
五		
六		
七		

三、遇到的问题及解决措施

四、个人体会

二、编制检测方案

请查阅 GB/T 15454—2009 和附录的作业指导书，编写饮用水中钠离子、钾离子、镁离子、钙离子的测定方案（表 2-46）。

表 2-46 检测方案

方案名称：＿＿＿＿＿＿＿＿

一、任务目标及依据

（填写说明：概括说明本次任务要达到的目标及相关标准和技术资料）

二、工作内容安排

（填写说明：列出工作流程、工作要求、仪器设备和试剂、人员及时间安排等）

工作流程	工作要求	仪器设备及试剂	人员	时间安排

三、验收标准

（填写说明：本项目最终的验收相关项目的标准）

四、有关安全注意事项及防护措施等

（填写说明：对检测的安全注意事项及防护措施，废弃物处理等进行具体说明）

表 2-47 作业指导书

北京市工业技师学院分析检测中心作业指导书	文件编号：BJTC-BFSOP081-V1.0
主题：饮用水中钠离子、钾离子、镁离子、钙离子的测定	第 1 页 共 2 页

1. 适用范围

本方法规定了饮用水中钠离子、钾离子、镁离子、钙离子的测定方法。

本标准适用于生活用水、矿泉水及饮用水中钠离子、钾离子、镁离子、钙离子含量的测定。

2. 规范性引用文件

下列文件中的条款通过本标准的引用而成为本标准的条款。凡是注日期的引用文件，其随后所有的修改单(不包括勘误的内容)或修订版均不适用于本标准，然而，鼓励根据本标准达成协议的各方研究是否可使用这些文件的最新版本。凡是不注日期的引用文件，其最新版本适用于本标准。

GB/T 1250　极限数值的表示方法和判断方法

GB/T 6682　分析实验用水规格和实验方法

GB/T 8170　数值修约规则

3. 原理

样品过滤膜后，以甲烷磺酸为淋洗液，阳离子交换柱分离，采用离子交换色谱-电导检测器测定，以保留时间定性、外标法定量。

4. 方法测定范围

根据 10 倍噪声相应的浓度定义为方法测定范围的定量检测下限。取工作曲线高浓度时，弯曲处作为方法测定范围的定量检测上限。

5. 仪器和设备

5.1　离子色谱仪(ICS-3000，美国)：具有 CSRSⅡ抑制器、自动进样器(AS50)

5.2　松下冰箱 National NR-173TE-G　日本

5.3　离心机　Universal 32R　德国

5.4　电子分析天平：感量 0.0001g AE160 型　德国

5.5　超声波发生器　Branson 8210　美国

5.6　50mL 圆底具塞离心管　美国

5.7　微孔滤膜(0.45μm)

5.8　阳离子色谱柱：阴离子分析柱 Dionex IonPac CS12A(4mm×250mm)

阴离子保护柱 Dionex IonPac CG12A(4mm×50mm)

5.9　一次性无菌注射器：BD，5mL　西班牙

5.10　MilliPORE 纯水机：FLIX10　美国

6.试剂与溶液

6.1　试剂

6.1.1　二次水：经过 Milli-Q 净化　美国

6.1.2　甲醇：Fisher，HPLC Grade　美国

6.2　标准溶液

6.2.1　钠标准贮备液：GBW(E)0801271000.0μg/mL；钾标准贮备液：GBW(E)080125 1000.0μg/mL；镁标准贮备液：GBW(E)080126 1000.0μg/mL；钙标准贮备液：GBW(E)080118 1000.0μg/mL 4℃冰箱保存。国家标准物质研究中心

续表

6.2.2 钠、钾、镁、钙标准中间液的配制

用二次水(6.1.1)将钠、钾、镁、钙标准贮备液稀释至100.0μg/mL,4℃冰箱保存6个月。

6.2.3 钠、钾、镁、钙标准工作液的配制

分别取钠、钾、镁、钙标准中间液(6.2.2)5.0mL、10.0mL、15.0mL、20.0mL于100mL具塞容量瓶中,用二次水(6.1.1)水定容至刻度,摇匀。此溶液浓度分别为5.0μg/mL、10.0μg/mL、15.0μg/mL、20.0μg/mL。

7. 实验方法

7.1 试样的制备和保存

7.1.1 样品的处理:液体样品摇匀后备用。

7.1.2 试样的保存:室温保存。

7.2 离子色谱仪测定

色谱条件

(a)阳离子色谱柱:阳离子分析柱 Dionex IonPac CS12A(4mm×250mm)

阳离子保护柱 Dionex IonPac CG12A(4mm×50mm)

(b)流动相:20mol/L甲烷磺酸

(c)流速:1.00mL/min

(d)进样体积:25μL

(e)柱温:30℃

(f)抑制电流:59mA

7.3 定量分析

分别对标准工作曲线溶液与样液进样测定,并根据样液中被测物含量情况。在相同实验条件下进行样品测定时,如果样品中检出的色谱峰与标准对照品中待测离子色谱峰的保留时间和谱图形状相一致(相对标准偏差应小于20%),而且加标回收率也比较稳定,则可认为样品中含有待测离子,根据钠、钾、钙、镁的峰面积采用外标-校准曲线法进行定量分析。

7.4 空白试验

除不称取试样外,其余均按上述步骤进行。

8. 结果计算

试样中钠、钾、钙、镁的含量按下式计算:

$$X_i=(C_i-C_0)V_i/V$$

式中 X_i——试样中钠、钾、钙、镁含量,μg/g;

C_i——从标准曲线上得到的被测组分溶液浓度,μg/mL;

V_i——样品溶液定容体积,mL;

V——取样体积,mL;

C_0——样品空白值,μg/mL。

9. 检测质量控制

参照GB/T 5750.6—2006《生活饮用水检验检疫方法金属指标》,添加浓度在标准曲线的线性范围内,且回收率范围在70%~120%内,相对标准偏差应小于20%,线性相关系数在0.995以上。

- 小测试

（1）任务过程中，如何确定仪器状态的稳定性？

（2）任务过程中，阳离子抑制器如果长时间没有使用，应该怎么办呢？请查找相关资料，描述阳离子抑制器的工作原理是什么？

（3）任务完成以后，我们应该与高碑店污水处理厂进行沟通，应该主要沟通哪些问题？

（4）整理水中阴离子测定和阳离子测定的主要区别点（表2-48）。

表2-48　阴离子测定和阳离子测定的区别

序号	工作环节	阴离子测定	阳离子测定
1			
2			
3			
4			
5			
6			
7			
8			

三、评价（表 2-49）

请你根据下表要求对本活动中的工作和学习情况进行打分。

表 2-49 评价

评分项目			配分	评分细则	自评得分	小组评价	教师评价
素养（20分）	纪律情况（5分）	不迟到，不早退	2分	违反一次不得分			
		积极思考回答问题	2分	根据上课统计情况得1～2分			
		有书、本、笔，无手机	1分	违反规定每项扣2分			
		执行教师命令	0分	此为否定项，违规酌情扣10～100分，违反校规按校规			
	职业道德（5分）	与他人合作	3分	不符合要求不得分			
		认真钻研	2分	按认真程度得1～5分			
	5S（5分）	场地、设备整洁干净	3分	合格得4分；不合格不得分			
		服装整洁，不佩戴饰物	2分	合格得3分；违反一项扣1分			
	职业能力（5分）	总结能力	3分	视总结清晰流畅，问题清晰措施到位情况得1～5分			
		沟通能力	2分	总结汇报良好沟通得1～5分			
核心技术（60分）	技术总结（20分）	语言表达	3分	视流畅通顺情况得1～3分			
		关键步骤提炼	5分	视准确具体情况得5分			
		问题分析	5分	能正确分析出现问题得1～5分			
		时间要求	2分	在60分钟内完成总结得2分 超过5分钟扣1分			
		体会收获	5分	有学习体会收获得1～5分			
	饮用水中钠钾镁钙的测定方案（40分）	资料使用	5分	正确查阅国家标准得5分；错误不得分			
		目标依据	5分	正确完整得5分；基本完整扣2分			
		工作流程	5分	工作流程正确得5分；错一项扣1分			
		工作要求	5分	要求明确清晰5分；错一项扣1分			
		人员	5分	人员分工明确，任务清晰得5分 不明确一项扣1分			
		验收标准	5分	标准查阅正确完整得5分 错项漏项一项扣1分			
		仪器试剂	5分	完整正确得5分 错项漏项一项扣1分			
		安全注意事项及防护	5分	完整正确，措施有效得5分 错项漏项一项扣1分			
工作页完成情况（20分）	按时完成工作页（20分）	按时提交	5分	按时提交得5分，迟交不得分			
		完成程度	5分	按情况分别得1～5分			
		回答准确率	5分	视情况分别得1～5分			
		书面整洁	5分	视情况分别得1～5分			
总分							
综合得分（自评20%，小组评价30%，教师评价50%）							
教师评价签字：			组长签字：				

续表

请你根据以上打分情况，对本活动当中的工作和学习状态进行总体评述（从素养的自我提升方面、职业能力的提升方面进行评述，分析自己的不足之处，描述对不足之处的改进措施）。
教师指导意见：

表 2-50 项目总体评价

项次	项目内容	权重	综合得分（各活动加权平均分×权重）	备注
1	接收任务	10%		
2	制定方案	20%		
3	实施检测	45%		
4	验收交付	10%		
5	总结拓展	15%		
6	合计			
7	本项目合格与否			教师签字：

请你根据以上打分情况，对本项目当中的工作和学习状态进行总体评述（从素养的自我提升方面、职业能力的提升方面进行评述，分析自己的不足之处，描述对不足之处的改进措施）。

教师指导意见：

学习任务三

小麦粉中溴酸盐的测定

任务书

一、任务情境描述

高碑店工商所对该管辖区某店铺出售的小麦粉进行抽样，检查有无添加剂之类的物质，如漂白粉、溴酸盐等，我院分析检测中心接到该任务，选择该小麦粉中溴酸根离子指标，由高级工来完成检测任务。 请你按照小麦粉的标准要求，制定检测方案，完成分析检测，并给高碑店工商所出具检测报告。

工作过程符合5S规范，检测过程符合GB/T 20188—2006《小麦粉中溴酸盐的测定》标准要求。

二、学习活动及学时分配表（表3-1）

表3-1　学习活动及学时安排

活动序号	学习活动	学时安排	备注
1	接受任务	4学时	
2	制定方案	10学时	
3	实施检测	24学时	
4	验收交付	4学时	
5	总结拓展	6学时	

学习活动一　接受任务

建议学时：4学时

学习要求：通过该活动，我们要明确“分析测试业务委托书”中任务的工作要求，完成离子含量的测定任务。具体工作步骤及要求见表3-2。

表3-2　工作步骤及要求

序号	工作步骤	要　求	学时安排	备注
1	识读任务书	能快速准确明确任务要求并清晰表达，在教师要求的时间内完成，能够读懂委托书各项内容，离子特征与特点	1学时	
2	确定检测方法和仪器设备	能够选择任务需要完成的方法，并进行时间和工作场所安排，掌握相关理论知识	1学时	
3	编制任务分析报告	能够清晰地描写任务认知与理解等，思路清晰，语言描述流畅	1.5学时	
4	评价		0.5学时	

表 3-3　北京市工业技师学院分析测试中心

分析测试业务委托书

批号：　　　　　　　　　　　　　　　　　　记录格式编号：AS/QRPD002-10

顾客产品名称	小麦粉		数　量	10
顾客产品描述				
顾客指定的用途				
顾客委托分析测试事项情况记录				
测试项目或参数	溴酸盐			
检测类别	□咨询性检测　　√仲裁性检测　　□诉讼性检测			
期望完成时间	□普通 年　月　日　　√加急 年　月日　　□特急 年　月日			
顾客对其产品及报告的处置意见				
产品使用完后的处置方式	□顾客随分析测试报告回收； □按废物立即处理； □按副样保存期限保存　√3个月　□6个月　□12个月　□24个月			
检测报告载体形式	□纸质　□软盘　√电邮	检测报告送达方式	□自取　普通邮寄 □传真　√电邮	
顾客名称（甲方）	高碑店工商所	单位名称（乙方）	北京市工业技师学院分析测试中心	
地　址	北京市朝阳区康家园25号楼	地　址	北京市朝阳区化工路51号	
邮政编码	100025	邮政编码	100023	
电　话	010-85777231	电　话	010-67383433	
传　真	010-85777231	传　真	010-67383433	
E-mail	gbdgs@126.net	E-mail	chunfangli@msn.com	
甲方委托人（签名）		甲方受理人（签名）		
委托日期	年　月　日	受理日期	年　月　日	

注：1. 本委托书与院 ISO 9001　顾客财产登记表（AS/QRPD754—01表）等效。

2. 本委托书一式三份，甲方执一份，乙方执两份。甲方“委托人”和乙方“受理人”签字后协议生效。

一、识读任务书

1. 请同学们用红色笔标出委托单当中的关键词，并把关键词抄在下面横线上。

2. 请你从关键词中选择词语组成一句话，说明该任务的要求（要求：其中包含时间、地点、人物以及事件的具体要求）。

3. 委托书中需要检测的项目是溴酸盐，请举例说明那些物质属于溴酸盐？并指出溴酸盐含有的相同离子是什么？用化学符号怎样表示？

表 3-4 离子种类及符号

目标物	种类	相同离子	化学符号
溴酸盐			

4. 因此，本任务实际要求我们检测小麦粉中的________离子指标，请你回忆一下，之前检测过那些离子指标，采用的是什么方法？这种方法有哪些优点（表 3-5）？

表 3-5 检测方法及特点

序号	举例	测定方法	特点
1			
2			

5. 在之前学习过的水中离子测定项目中，你认为自己已经掌握了这种测定方法了吗？还需要巩固的环节是什么（不少于 3 条）？

（1）____

____

（2）____

____

（3）____

____

6. 请查阅相关资料，并以表格形式罗列出溴酸盐主要存在于哪些食品中？适用的标准是什么？该标准的适用范围及检出限又是什么（表 3-6）？

表 3-6　标准适用范围及检出限

序号	食品种类	国标号	适用范围	检出限/(mg/kg)(以 BrO_3^- 计)
1				
2				
3				

7. 溴酸盐在食品中的危害有哪些？请查阅相关资料，以小组为单位罗列出来（不少于 3 条）。

(1) ____________________

(2) ____________________

(3) ____________________

(4) ____________________

8. 食品中溴酸盐的引入的原因和途径有哪些？请查阅相关资料，以小组为单位罗列出来（不少于 3 条）。

(1) ____________________

(2) ____________________

(3) ____________________

(4) ____________________

二、确定检测方法和仪器设备

1. 任务书要求________天内完成该项任务，那么我们选择什么样的检测方法来完成呢？回忆一下之前所完成的工作，方法的选择一般有哪些注意事项？小组讨论完成，列出不少于 3 点，并解释。

(1) ____________________

(2) ____________________

(3) ____________________

2. 请查阅相关资料，并以表格形式罗列出检测溴酸盐都有哪些检测方法、特征，有无国标（表 3-7）。

表 3-7 检测方法及特征

检测项目	检测方法	国标(有/无)	国标号	特征(主要仪器设备)
溴酸盐				

3. 怎样在所有检测方法中确定适合此检测该指标的方法？请说明理由（不少于 3 条）

（1）

（2）

（3）

（4）

4. 通过查阅相关标准，小麦粉中溴酸盐测定的主要步骤是什么？

（1）

（2）

（3）

（4）

（5）

三、编写任务分析报告（表3-8）

表3-8 任务分析报告

1. 基本信息

序号	项目	名称	备注
1	委托任务的单位		
2	项目联系人		
3	委托样品		
4	检验参照标准		
5	委托样品信息		
6	检测项目		
7	样品存放条件		
8	样品处置		
9	样品存放时间		
10	出具报告时间		
11	出具报告地点		

2. 任务分析

（1）溴酸根离子的检测采用了哪些方法？

（2）针对小麦粉中的溴酸盐检测方法你准备选择哪一种？选择的依据是什么？

检测项目	选择方法	选择依据
溴酸盐		

（3）选择方法所使用的仪器设备列表

序号	主要仪器设备	备注
1		
2		
3		
4		
5		
6		
7		
8		
9		
10		

四、评价（表 3-9）

表 3-9 评价

项次	项目要求		配分	评分细则	自评得分	小组评价	教师评价
素养（20分）	纪律情况（5分）	按时到岗，不早退	2分	缺勤全扣，迟到、早退出现一次扣1分			
		积极思考回答问题	2分	根据上课统计情况得1～2分			
		学习用品准备	1分	自己主动准备好学习用品并齐全			
		执行教师命令	0分	此为否定项，违规酌情扣10～100分，违反校规按校规处理			
	职业道德（6分）	主动与他人合作	2分	主动合作得2分；被动合作得1分			
		主动帮助同学	2分	能主动帮助同学得2分；被动得1分			
		严谨、追求完美	2分	对工作精益求精且效果明显得2分；对工作认真得1分；其余不得分			
	5S（4分）	桌面、地面整洁	2分	自己的工位桌面、地面整洁无杂物，得2分；不合格不得分			
		物品定置管理	2分	按定置要求放置得2分；其余不得分			
	阅读能力（5分）	快速阅读能力	5分	能快速准确明确任务要求并清晰表达得5分；能主动沟通在指导后达标得3分；其余不得分			
核心技术（60分）	识读任务书（20分）	委托书各项内容	5分	能全部掌握得5分；部分掌握得2～3分；不清楚不得分			
		相同离子种类总结	5分	总结全面到位得5分；部分掌握得3～4分；不清楚不得分			
		溴酸盐测定方法查阅及总结	5分	阐述齐全、清晰5分；部分阐述3～4分；不清楚不得分			
		溴酸盐危害及防治	5分	全部阐述清晰5分；部分阐述3～4分；不清楚不得分			
	列出检测方法和仪器设备（15分）	检测方法罗列齐全、正确	5分	方法齐全正确，无缺项得5分；每缺一项扣1分，扣完为止			
		列出的相对应仪器设备齐全	5分	齐全无缺项得5分；有缺项扣1分；不清楚不得分			
		测定步骤总结归纳	5分	全部阐述清晰5分；部分阐述3～4分；不清楚不得分			
	任务分析报告（25分）	基本信息准确	5分	能全部掌握得5分；部分掌握得1～4分；不清楚不得分			
		最终选择的检测方法合理有效	5分	全部合理有效得5分，有缺项或者不合理扣1分			
		检测方法选择的依据阐述清晰	5分	清晰能得5分，有缺陷或者无法解释的每项扣1分			
		选择的检测方法与仪器设备匹配	5分	已选择的检测方法的仪器设备清单齐全，得5分；有缺项或不对应的扣1分			
		文字描述及语言	5分	语言清晰流畅得5分；文字描述不清晰，但不影响理解与阅读得3分；字迹潦草无法阅读得0分			
工作页完成情况（20分）	按时、保质保量完成工作页（20分）	按时提交	4分	按时提交得4分，迟交不得分			
		书写整齐度	3分	文字工整、字迹清楚得3分			
		内容完成程度	4分	按完成情况分别得1～4分			
		回答准确率	5分	视准确率情况分别得1～5分			
		有独到的见解	4分	视见解程度分别得1～4分			
合计			100分				
总分[加权平均分（自评20%，小组评价30%，教师评价50%）]							
组长签字				教师评价签字			

续表

请你根据以上打分情况，对本活动当中的工作和学习状态进行总体评述（从素养的自我提升方面、职业能力的提升方面进行评述，分析自己的不足之处，描述对不足之处的改进措施）。
教师指导意见：

学习活动二 制定方案

建议学时：10学时

学习要求：通过对小麦粉中溴酸盐的测定方法的分析，编制工作流程表、仪器设备清单，完成检测方案的编制。具体要求见表3-10。

表 3-10 工作步骤、要求及学时

序号	工作步骤	要求	学时安排	备注
1	编制工作流程	在45分钟内完成，流程完整，确保检测工作顺利有效完成	1学时	
2	编制仪器设备清单	仪器设备、材料清单完整，满足离子色谱检测试验进程和客户需求	2.5学时	
3	编制检测方案	在90分钟内完成编写，任务描述清晰，检验标准符合客户要求、国标方法要求，工作标准、工作要求、仪器设备等与流程内容一一对应	6学时	
4	评价		0.5学时	

一、编制工作流程

1. 我们之前完成了饮用水中阴阳离子的检测项目，回忆一下分析检测项目的主要工作流程一般可分为几步完成？

请回忆一下，各部分的主要工作任务有哪些呢？各部分的工作要求分别是什么？大约需要花费多少时间呢（表 3-11）？

表 3-11　任务名称：＿＿＿＿＿＿＿＿

序号	工作流程	主要工作内容	评价标准	花费时间/h
1	配制溶液			
2	确认仪器状态			
3	验证检测方法			
4	实施分析检测			
5	出具检测报告			

2. 请你分析本项目选择的检测方法和作业指导书，写出工作流程，并写出完成的具体工作内容和要求（表 3-12）。

表 3-12　工作流程、工作内容及要求

序号	工作流程	主要工作内容	要求
1			
2			
3			
4			
5			
6			
7			
8			
9			
10			

二、编制仪器设备清单

1. 为了完成检测任务，需要用到哪些试剂呢？请列表完成（表 3-13）。

表 3-13 试剂清单

序号	试剂名称	规格	配制方法
1			
2			
3			
4			
5			
6			
7			
8			
9			
10			

2. 为了完成检测任务，需要用到哪些仪器设备呢？请列表完成（表 3-14）。

表 3-14 仪器设备清单

序号	仪器名称	规格	作用	是否会操作
1				
2				
3				
4				
5				
6				
7				
8				
9				
10				

三、编制检测方案（表 3-15）

表 3-15 检测方案

方案名称：________________

一、任务目标及依据

（填写说明：概括说明本次任务要达到的目标及相关标准和技术资料）

二、工作内容安排

（填写说明：列出工作流程、工作要求、仪器设备和试剂、人员及时间安排等）

工作流程	工作要求	仪器设备和试剂	人员	时间安排

三、验收标准

（填写说明：本项目最终的验收相关项目的标准）

四、有关安全注意事项及防护措施等

（填写说明：对检测的安全注意事项及防护措施，废弃物处理等进行具体说明）

四、评价（表 3-16）

表 3-16 评价

评分项目			配分	评分细则	自评得分	小组评价	教师评价
素养（20分）	纪律情况（5分）	不迟到，不早退	2分	违反一次不得分			
		积极思考回答问题	2分	根据上课统计情况得1～2分			
		三有一无（有本、笔、书，无手机）	1分	违反规定每项扣1分			
		执行教师命令	0分	此为否定项，违规酌情扣10～100分，违反校规按校规处理			
	职业道德（5分）	与他人合作	2分	不符合要求不得分			
		追求完美	3分	对工作精益求精且效果明显得3分；对工作认真得2分；其余不得分			
	5S（5分）	场地、设备整洁干净	3分	合格得3分；不合格不得分			
		服装整洁，不佩戴饰物	2分	合格得2分；违反一项扣1分			
	职业能力（5分）	策划能力	3分	按方案策划逻辑性得1～5分			
		资料使用	2分	正确查阅作业指导书和标准得2分			
		创新能力*（加分项）	5分	项目分类、顺序有创新，视情况得1～5分			
核心技术（60分）	时间（5分）	时间要求	5分	90分钟内完成得5分；超时10分钟扣2分			
	目标依据（5分）	目标清晰	3分	目标明确，可测量得1～3分			
		编写依据	2分	依据资料完整得2分；缺一项扣1分			
	检测流程（15分）	项目完整	7分	完整得7分；漏一项扣1分			
		顺序	8分	全部正确得8分；错一项扣1分			
	工作要求	要求清晰准确	5分	完整正确得5分；错项漏项一项扣1分			
	仪器设备试剂（10分）	名称完整	5分	完整、型号正确得5分；错项漏项一项扣1分			
		规格正确	5分	数量型号正确得5分；错一项扣1分			
	人员（5分）	组织分配合理		人员安排合理，分工明确得5分；组织不适一项扣1分			
	验收标准（5分）	标准	5分	标准查阅正确、完整得5分；错、漏一项扣1分			
	安全注意事项及防护等（10分）	安全注意事项	5分	归纳正确、完整得5分			
		防护措施	5分	按措施针对性，有效性得1～5分			
工作页完成情况（20分）	按时完成工作页（20分）	按时提交	5分	按时提交得5分，迟交不得分			
		完成程度	5分	按情况分别得1～5分			
		回答准确率	5分	视情况分别得1～5分			
		书面整洁	5分	视情况分别得1～5分			
总分							
综合得分（自评20%，小组评价30%，教师评价50%）							
教师评价签字：				组长签字：			

续表

请你根据以上打分情况，对本活动当中的工作和学习状态进行总体评述（从素养的自我提升方面、职业能力的提升方面进行评述，分析自己的不足之处，描述对不足之处的改进措施）。
教师指导意见：

学习活动三　实施检测

建议学时：24学时

学习要求：按照检测实施方案中的内容，完成小麦粉中溴酸盐检测的分析，过程中符合安全、规范、环保等5S要求，具体要求见表3-17。

表3-17　工作步骤、要求及学时

序号	工作步骤	要　　求	学时安排	备注
1	配制溶液	规定时间内完成溶液配制，准确，原始数据记录规范，操作过程规范	4学时	
2	确认仪器状态	能够在阅读仪器的操作规程指导下，正确的操作仪器，并对仪器状态进行准确判断	8学时	
3	检测方法验证	能够根据方法验证的参数，对方法进行验证，并判断方法是否合适	4学时	
4	实施分析检测	严格按照标准方法和作业指导书要求实施分析检测，最后得到样品数据	7.5学时	
5	评价		0.5学时	

一、安全注意事项

1. 现在我们要学习一个新的检测任务-小麦粉中溴酸盐的测定，请回顾阴离子检测的安全注意事项，并结合本任务的国家标准，说明本任务的安全注意事项有哪些？

二、配制溶液

1. 请完成标准贮备液（1000mg/L）的配制，并做好配制记录（表 3-18）。

表 3-18 标准贮备液配制

离子名称	采用的试剂	试剂纯度等级	称量____g，定容至____ mL

2. 你们小组设计的标准工作液浓度（表 3-19）

表 3-19 标准工作液浓度

离子名称	混合标准 1 浓度 /(μg/L)	混合标准 2 浓度 /(μg/L)	混合标准 3 浓度 /(μg/L)	混合标准 4 浓度 /(μg/L)	混合标准 5 浓度 /(μg/L)

记录配制过程：

(1) ____________________

(2) ____________________

(3) ____________________

(4) ____________________

(5) ____________________

你的小组在配制过程中的异常现象及处理方法：

(1) ____________________

(2) ____________________

(3) ____________________

(4) ____________________

3. 你们小组选择的淋洗液是________________，选择的理由是________________。

我们采用了淋洗液的梯度洗脱方式来完成工作任务，请采用画梯度示意图的方式，完成梯度的表示（图 3-1）。

浓度/（mmol/L）

时间/min

图 3-1　梯度洗脱示意图

（1）梯度洗脱每阶段浓度设计的目的是什么？为什么这么设计？

①________________________________

②________________________________

③________________________________

④________________________________

⑤________________________________

（2）梯度洗脱是如何通过仪器实现的？请简要地说出原理。

①________________________________

②________________________________

③________________________________

④________________________________

⑤________________________________

（3）请通过小组讨论总结梯度洗脱的设计原理（不少于 3 条）？

①________________________________

②________________________________

③________________________________

④________________________________

⑤________________________________

三、确认仪器状态

1. 请回顾一下，我们在检测饮用水中阴离子项目和锅炉冷却水中阳离子项目中，样品在进入色谱体系前，分别经过了哪些预处理呢？主要作用是什么？

____

____

____

2. 小麦粉需要经过预处理才能提取出待测溶液，那么我们需要经过哪些主要步骤才能完成样品的预处理呢？请参考检测方法和作业指导书，列出样品需要经过的预处理步骤。

(1) ______

(2) ______

(3) ______

(4) ______

(5) ______

3. 你选择的离子色谱前处理柱有哪些？其作用主要除去哪些物质的干扰？

______

______

______

4. 在使用离子色谱前处理小柱之前，一般都需要进行小柱活化，你是如何分别进行活化的？

(1) ______

(2) ______

(3) ______

(4) ______

(5) ______

5. 请整理小麦粉的前处理过程，完成表3-20的总结。

表3-20 小麦粉的前处理过程

预处理步骤	所用仪器/设备	主要作用	操作参数(要点)

6. 请你结合国标和作业指导书，列出整个项目完成需要使用的设备（表3-21）。

表3-21 使用的设备

仪器名称	生产厂家	主要作用	操作参数(要点)

• **小测验**

将下列仪器与名称进行连线。

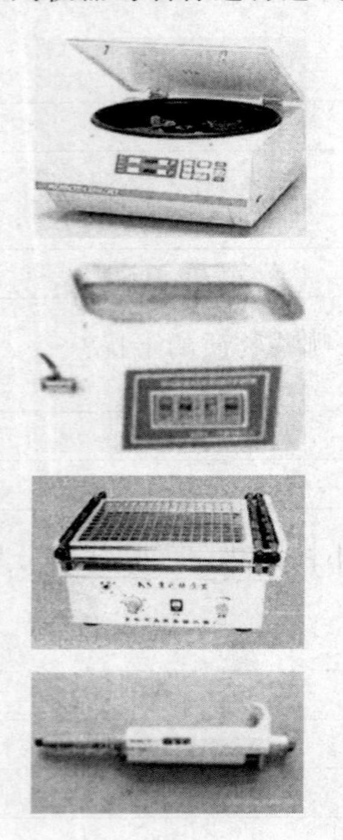

振荡器

移液器

超声波清洗器

离心机

7. 请阅读离子色谱仪器操作规程，完成开机操作，并记录离子色谱仪器的开机过程（表 3-22）。

表 3-22 开机过程

步骤序号	内容	现象及注意事项
1		
2		
3		
4		
5		

8. 请阅读离子色谱仪器操作规程，完成程序文件、方法文件和批处理表的编辑，并记录各文件的主要参数。主要说明本任务阴离子系统在程序文件编制时和以前检测项目的不同（表 3-23）。

表 3-23 文件主要参数及含义

文件	主要参数及含义
程序文件	
方法文件	
批处理表	

9. 参照操作规程，记录仪器状态，并判断仪器状态是否稳定（表 3-24）。

表 3-24 仪器状态

仪器编号		组别	
参数	数值	是否正常	非正常处理方法

10. 完成仪器准备确认单（表 3-25）

表 3-25 仪器准备确认单

序号	仪器名称	状态确认	
		可行	否，解决办法
1			
2			
3			
4			
5			
6			
7			
8			
9			

● **小测验**

离子色谱前处理小柱有很多种，都有各自对应的作用，请查阅相关资料，完成表 3-26 的填写。

表 3-26 离子色谱前处理小柱

前处理小柱名称	填料	作用	活化方法

四、验证检测方法（表 3-27~ 表 3-29）

表 3-27 检测方法验证评估表

记录格式编号：AS/QRPD002－40

<table>
<tr><td>方法名称</td><td colspan="3"></td></tr>
<tr><td>方法验证时间</td><td></td><td>方法验证地点</td><td></td></tr>
<tr><td colspan="4">方法验证过程：</td></tr>
<tr><td colspan="4">方法验证结果：

验证负责人：　　　　日期：</td></tr>
</table>

方法验证人员	分工	签字

表 3-28 检测方法试验验证报告

记录格式编号：AS/QRPD002-41

方法名称					
方法验证时间			方法验证地点		
方法验证依据					
方法验证结果					

验证人： 校核人： 日期：

表 3-29　新检测项目试验验证确认报告

记录格式编号：AS/QRPD002-52

<table>
<tr><td>方法名称</td><td colspan="3"></td></tr>
<tr><td>检测参数</td><td colspan="3"></td></tr>
<tr><td>检测依据</td><td colspan="3"></td></tr>
<tr><td>方法验证时间</td><td></td><td>方法验证地点</td><td></td></tr>
<tr><td>验证人</td><td></td><td>验证人意见</td><td></td></tr>
<tr><td colspan="4">技术负责人意见

签字：　　　　　　日期：</td></tr>
<tr><td colspan="4">中心主任意见

签字：　　　　　　日期：</td></tr>
</table>

五、实施分析检测

1. 请你根据饮用水中阴离子的检测和本任务检测的标准，找出在检测方面两种标准之间的不同点（表3-30）。

表 3-30 两种标准的不同点

检测任务	不同点		
饮用水中阴离子的检测			
小麦粉中溴酸盐的检测			

2. 请记录小麦粉前处理过程（表3-31）。

表 3-31 小麦粉前处理过程

主要步骤	主要要点

3. 请记录检测过程中出现的问题及解决方法（表3-32）。

表 3-32 检测过程中出现的问题及解决方法

序号	出现的问题	解决方法	原因分析
1			
2			
3			
4			
5			

4. 请做好实验记录（表 3-33），并且在仪器旁的仪器使用记录上进行签字。

表 3-33　实验记录

小组名称		组员	
仪器型号/编号		所在实验室	
淋洗液		基线电导	
色谱柱类型		检测器	
抑制器类型		抑制器电流	
流速		柱压力	
仪器使用是否正常			
组长签名/日期			

5. 请记录采用加标回收率来进行质量控制的操作过程（表 3-34）。

表 3-34　质量控制的操作过程及要点

主要步骤	要点

6. 请你按照方案的时间安排，完成本环节的检测任务，填写表 3-35。

表 3-35　北京市工业技师学院分析测试中心小麦粉中溴酸盐的测定原始记录

编号：GLAC-JL-R058-1　　序号：

样品类别：　　检测日期：

样品状态：与任务书是否一致：□一致　□不一致

不一致的样品编号及相关说明：______________。

检测项目：

检测依据：GB/T20188-2006 小麦粉中溴酸盐的测定

仪器名称：DX-120 离子色谱　　仪器编号：00100557

检测地点：JC—106　　室内温度：　℃　　室内湿度：　%

标准物质标签：　　见：GLAC-JL-42-标准物质溶液稀释表（序号：　　）

标准工作液名称	编号	浓度/(mg/L)	配制人	配制日期	失效日期

标准物质工作曲线

工作曲线标准物质浓度/(mg/L)					
峰面积					
回归方程				r	

标准物质工作曲线

工作曲线标准物质浓度/(mg/L)					
峰面积					
回归方程				r	

标准物质工作曲线

工作曲线标准物质浓度/(mg/L)					
峰面积					
回归方程				r	

标准物质工作曲线

工作曲线标准物质浓度/(mg/L)					
峰面积					
回归方程				r	

标准物质工作曲线

工作曲线标准物质浓度/(mg/L)					
峰面积					
回归方程				r	

标准物质工作曲线

工作曲线标准物质浓度/(mg/L)					
峰面积					
回归方程				r	

计算公式：$C=YV/m$

式中 C——样品中待测离子含量，mg/kg；

Y——由校准曲线上查得样品中待测离子的含量，mg/L；

V——样品溶液定容体积，mL；

m——样品质量，g。

计算结果保留两位有效数字。若结果以溴酸钾计时，乘以系数 1.31。

计算结果小于本标准检出限 0.5mg/kg（以溴酸盐计）时，视为未检出。

表 3-36　检测结果

检出限：　　　　　　　　　　　　　　　　　　　　　　　　检测结果保留两位有效数字

编号：GLAC-JL-R058-1　　　　　　　　　　　　　　　　　　序号：

样品编号	样品名称	m/g	V/mL	测得含量 Y/(mg/L)	平均值 /(mg/L)	实测值 C /(mg/kg)	测得偏差 /%	允许偏差 /%

检测人：　　　　　　　　　　　　　　　　　　　　　　　　　校核人：

第　　页共　　页

• **小测试**

(1) 进样时，我们的样品进样体积为________μL，为什么这么设计呢？主要原因是什么？

①________

②________

③________

④________

(2) 由于样品中溴酸盐浓度过低，所以我们采用大体积进样的方式来解决，请问：还有什么方法能够改善检测灵敏度呢？请经过小组讨论，列出至少3条。

①________

②________

③________

④________

(3) 检测过程中，为了使 BrO_3^- 和 Cl^- 等得到较好分离，我们是如何操作的？

①________

②________

③________

④________

(4) 采用离子色谱分析仪器来进行离子检测时，样品前处理非常重要，请查阅资料，经过小组讨论，总结出常用的前处理方法来，并简要说明工作原理和操作过程（至少列出3种）（表3-37）。

表3-37 前处理方法工作原理、操作过程

序号	名称	工作原理	主要操作过程
1			
2			
3			
4			
5			
6			

(5) 国标中在测定小麦粉中溴酸盐时，称量样品时还要做空白小麦粉实验，是如何操作的？请说明操作过程，并讨论为什么要做空白小麦粉实验。

①______

②______

③______

④______

(6) 某实验小组用离子色谱法测定小麦粉中溴酸盐的含量，其检测过程见表 3-38。

表 3-38 检测过程

样品编号	1	2	3	4
称样质量/g	10.02	10.01	10.02	10.01
定容体积/mL	100	100	100	100
由曲线上查得样品的含量/(mg/L)	0.097	0.096	0.096	0.18
样品结果以溴酸盐计/(mg/kg)				

说明：样品 1、样品 2、样品 3 为平行样品，样品 4 为加标样品，在称量样品时往其中加入 0.1mL 100μg/mL 的溴酸盐标准溶液，操作方法和样品 1、样品 2、样品 3 过程相同。假如不考虑实验过程中的污染及误差，请回答下列问题。

① 完成上述表格的填写。

② 上述样品的回收率大概是多少？

______

③ 如果让你把上述样品的检测结果写到原始记录单上，应该写的数据是多少？如果检测结果以溴酸钾计，检测结果是多少？

______

④ 有一个样品以溴酸盐计的检测结果是 0.493mg/kg，你把上述样品的检测结果写到原始记录单上，应该写的数据是多少？有位同学在原始记录单上写了某样品溴酸盐的检测结果为 0.587mg/kg，你认为这个结果正确吗？为什么？

______

六、教师考核表（表 3-39）

表 3-39 教师考核表

小麦粉中溴酸盐的测定实施检测方案工作流程评价表						
第一阶段：配制溶液（10 分）			正确	错误	分值	得分
1	配制流动相	流动相药品准备			4 分	
2		流动相药品选择				
3		流动相药品干燥				
4		流动相药品称量				
5		流动相药品转移定容				
6		流动相保存				
7	配制标准溶液（备注：需要填写标准溶液配制记录）	标准溶液药品准备			4 分	
8		标准溶液药品选择				
9		标准溶液药品干燥				
10		标准溶液药品称量				
11		标准溶液药品转移定容				
12		标准溶液保存				
13	配制标准工作液	标准溶液离子浓度计算			2 分	
14		标准溶液离子移取定容				
15		标准溶液离子保存				
第二阶段：确认仪器设备状态（20 分）			正确	错误	分值	得分
16	认知样品处理设备	超声波清洗器			5 分	
17		振荡器				
18		离心机				
19		0.2μm 水性过滤器选择				
20		超滤器				
21		分析天平				
22		移液器				
23		Ag/H 预处理柱				
24		Ag/H 预处理柱活化				
25	仪器部件选择（需要填写仪器设备清单）	淋洗液			5 分	
26		CR-TC 脱气盒				
27		样品环				
28		保护柱/分离柱				
29		抑制器				
30	仪器操作检查（备注：需要填写仪器操作原始记录）	检查仪器水电气			10 分	
31		检查色谱柱类型				
32		检查抑制器类型				
33		检查流动相类型				
34		打开 N_2 钢瓶总阀				
35		调节钢瓶减压器上的分压表指针为 0.2MPa 左右				
36		调节色谱主机上的减压表指针为 5psi 左右				
37		确认离子色谱与计算机数据线连接				
38		打开离子色谱主机的电源				
39		选择 Chromeleon＞SeverMonitor				
40		双击在桌面上的工作站主程序				
41		打开离子色谱操作控制面板				
42		选中 Connected 使软件和离子色谱连接				

续表

小麦粉中溴酸盐的测定实施检测方案工作流程评价表						
第二阶段:确认仪器设备状态(20分)			正确	错误	分值	得分
43	仪器操作检查(备注:需要填写仪器操作原始记录)	打开泵头废液阀排除泵和管路里的气泡			10分	
44		关闭泵头废液阀				
45		开泵启动仪器				
46		检查管路有无漏液				
47		稳定仪器时间				
48		关闭泵				
49		关闭操作软件				
50		选择 Sever Monitor,出现对话界面后点击 Stop 关闭				
51		关闭离子色谱主机的电源				
52		关闭 N_2 钢瓶总阀并将减压表卸压				
53		关闭计算机、显示器的电源开关				
第三阶段:验证检测方法(10分)			正确	错误	分值	得分
54	填写检测方法验证评估表				10分	
55	填写检测方法试验验证报告					
56	填写新检测项目试验验证确认报告					
57	备注:需要填写检测方法验证原始记录					
第四阶段:实施分析检测(30分)			正确	错误	分值	得分
58	检查流速				5分	
59	检查淋洗液浓度					
60	检查抑制器电流					
61	查看基线15min,稳定后分析					
62	建立程序文件(program file)梯度程序设置					
63	建立方法文件(method file)					
64	建立样品表文件					
65	加入样品到自动进样器					
66	启动样品表					
67	建立标准曲线,曲线浓度填写					
68	标准曲线线性相关系数					
69	标准曲线线性方程					
70	样品的称量与定容				15分	
71	样品预处理时间					
72	样品转移					
73	样品离心分层					
74	样品的净化					
75	样品溶液准备检测					
76	空白小麦粉的称量与定容					
77	空白小麦粉的预处理时间					
78	空白小麦粉的转移					
79	空白小麦粉的离心分层					
80	空白小麦粉的净化					
81	空白小麦粉的准备检测					
82	样品检测结果记录				10分	
83	质控样品检测结果记录					
84	样品检测结果自平行					
85	质控样品检测结果自平行					
86	备注:需要填写检测结果原始记录					

续表

小麦粉中溴酸盐的测定实施检测方案工作流程评价表					
第五阶段：原始记录评价（10 分）		正确	错误	分值	得分
87	填写标准溶液原始记录			10 分	
88	填写仪器操作原始记录				
89	填写检测方法验证原始记录				
90	填写检测结果原始记录				
小麦粉中溴酸盐的测定项目分值小计				80 分	

综合评价项目		详细说明	分值	得分
1	基本操作规范性	动作规范准确得 3 分	3 分	
		动作比较规范，有个别失误得 2 分		
		动作较生硬，有较多失误得 1 分		
2	熟练程度	操作非常熟练得 5 分	3 分	
		操作较熟练得 2 分		
		操作生疏得 1 分		
3	分析检测用时	按要求时间内完成得 3 分	5 分	
		未按要求时间内完成得 2 分		
4	实验室 5S	实验台符合 5S 得 2 分	2 分	
		实验台不符合 5S 得 1 分		
5	礼貌	对待考官礼貌得 2 分	2 分	
		欠缺礼貌得 1 分		
6	工作过程安全性	非常注意安全得 5 分	5 分	
		有事故隐患得 1 分		
		发生事故得 0 分		
综合评价项目分值小计			20 分	
总成绩分值合计			100 分	

七、评价（表 3-40）

表 3-40　评价

评分项目			配分	评分细则	自评得分	小组评价	教师评价
素养（20分）	纪律情况（5分）	不迟到，不早退	2分	违反一次不得分			
		积极思考回答问题	2分	根据上课统计情况得1～2分			
		三有一无（有本、笔、书，无手机）	1分	违反规定每项扣1分			
		执行教师命令	0分	此为否定项，违规酌情扣10～100分，违反校规按校规处理			
	职业道德（5分）	与他人合作	2分	不符合要求不得分			
		追求完美	3分	对工作精益求精且效果明显得3分；对工作认真得2分；其余不得分			
	5S（5分）	场地、设备整洁干净	3分	合格得3分；不合格不得分			
		服装整洁，不佩戴饰物	2分	合格得2分；违反一项扣1分			
	职业能力（5分）	策划能力	3分	按方案策划逻辑性得1～3分			
		资料使用	2分	正确查阅作业指导书和标准得2分			
		创新能力*（加分项）	5分	项目分类、顺序有创新，视情况得1～5分			
核心技术（60分）	教师考核分________×0.6=________						
工作页完成情况（20分）	按时完成工作页（20分）	按时提交	5分	按时提交得5分，迟交不得分			
		完成程度	5分	按情况分别得1～5分			
		回答准确率	5分	视情况分别得1～5分			
		书面整洁	5分	视情况分别得1～5分			
总分							
综合得分（自评20%，小组评价30%，教师评价50%）							
教师评价签字：			组长签字：				

请你根据以上打分情况，对本活动当中的工作和学习状态进行总体评述（从素养的自我提升方面、职业能力的提升方面进行评述，分析自己的不足之处，描述对不足之处的改进措施）。

教师指导意见：

学习活动四　验收交付

建议学时：4 学时

学习要求：能够对检测原始数据进行数据处理并规范完整的填写报告书，并对超差数据原因进行分析，具体要求见表 3-41。

表 3-41　具体要求及学时

序号	工作步骤	要　　求	学时安排	备注
1	编制数据评判表	计算精密度、准确度、相关系数、互平行数据并填写评判表	2 学时	
2	编写成本核算表	能计算耗材和其他检测成本	1 学时	
3	填写检测报告	依据规范出具检测报告校对、签发	0.5 学时	
4	评价	按评价表对学生各项表现进行评价	0.5 学时	

一、编制数据评判表

1. 对原始记录数据进行计算，并将计算结果填写在原始记录报告单上。

2. 请写出溴酸盐含量计算公式、精密度计算公式和质量控制计算公式。

3. 数据评判表（表 3-42）

表 3-42 数据评判表

（1）相关规定

① 精密度≤10%，满足精密度要求

精密度＞10%，不满足精密度要求

② 相关系数≥0.995，满足要求

相关系数＜0.995，不满足要求

③ 互平行≤15%，满足精密度要求

互平行＞15%，不满足精密度要求

④ 质控范围 90%～120%

（2）实际水平及判断：符合准确性要求：是□否□

内容	自平行	相关系数	质控值	互平行性
实际水平				
标准值	——	——		
判定结果				

• 若不能满足规定要求时，请小组讨论，分析造成原因有哪些。

二、编写成本核算表（表 3-43、表 3-44）

1. 请小组讨论，回顾整个任务的工作过程，罗列出我们所使用的试剂耗材，并参考库房管理员提供的价格清单，对此次任务的单个样品使用耗材进行成本估算。

表 3-43 单个样品使用耗材成本估算

序号	试剂名称	规格	单价/元	使用量	成本/元
1					
2					
3					
4					
5					
6					
7					
8					
9					
10					
11					
12					
13					
合计					

2. 工作中，除了试剂耗材成本以外，要完成一个任务，还有哪些成本呢？比如人工成本、固定资产折旧等，请小组讨论，罗列出至少 3 条（表 3-44）。

表 3-44 其他成本估算

序号	项目	单价/元	使用量	成本/元
1				
2				
3				
4				
5				

3. 如何有效地在保证质量的基础上控制成本呢？请小组讨论，罗列出至少 3 条。

（1）______________________________

____

（2）______________________________

____

（3）______________________________

____

（4）______________________________

____

三、填写检测报告书

如果检测数据评判合格，按照报告单的填写程序和填写规定认真填写检测报告书；如果评判数据不合格，需要重新检测数据合格后填写检测报告。

北京市工业技师学院

分析测试中心

检　测　报　告　书

检品名称______________________________

被检单位______________________________

报告日期　　年　　月　　日

检测报告书首页

北京市工业技师学院分析测试中心

字（20　年）第　　号

检品名称＿＿＿＿　检测类别　委托(送样)

被检单位＿＿＿＿　检品编号＿＿＿＿

生产厂家＿＿＿＿　检测目的＿＿＿＿　生产日期＿＿＿＿

检品数量＿＿＿＿　包装情况＿＿＿＿　采样日期＿＿＿＿

采样地点＿＿＿＿　检品性状＿＿＿＿　送检日期＿＿＿＿

检测项目＿＿＿＿

检测及评价依据：

本栏目以下无内容

结论及评价：

本栏目以下无内容

检测环境条件：　温度：　相对湿度：　气压：

主要检测仪器设备：

名称　编号　型号

名称　编号　型号

报告编制：　校对：　签发：　盖章

年　月　日

报告书包括封面、首页、正文（附页）、封底，并盖有计量认证章、检测章和骑缝章。

检测报告书

项目名称	限值	测定值	判定

报告书包括封面、首页、正文（附页）、封底，并盖有计量认证章、检测章和骑缝章。

四、评价（表 3-45）

请你根据下表要求对本活动中的工作和学习情况进行打分。

表 3-45 评价

项目要求			配分	评分细则	自评得分	小组评价	教师评价
素养（20分）	纪律情况（5分）	按时到岗，不早退	2分	违反规定，每次扣1分			
		积极思考回答问题	2分	根据上课统计情况得1～2分			
		三有一无（有本、笔、书，无手机）	1分	违反规定每项扣1分			
		执行教师命令	0分	此为否定项，违规酌情扣10～100分，违反校规按校规处理			
	职业道德（10分）	能与他人合作	3分	不符合要求不得分			
		数据填写	3分	能客观真实得3分；篡改数据0分			
		追求完美	4分	对工作精精益求精且效果明显得4分；对工作认真得3分 其余不得分			
	成本意识（5分）		5分	有成本意识，使用试剂耗材节约，能计算成本量5分；达标得3分；其余不得分			
核心技术（60分）	数据处理（5分）	能独立进行数据的计算和取舍	5分	独立进行数据处理，得5分；在同学老师的帮助下完成，可得2分			
	数据评判（40分）	能正确评判工作曲线和相关系数	10分	能正确评判合格与否得10分； 评判错误不得分			
		能够评判精密度是否合格	10分	自平行≤5%得10分；5%～10%之间得0～10分；自平行>10%不得分			
		能够达到互平行标准	10分	互平行≤10%得10分；10%～15%之间得0～10分；自平行>15%不得分			
		能够达到质控标准	10分	能够达到质控值得10分			
	报告填写（15分）	填写完整规范	5分	完整规范得5分；涂改填错一处扣2分			
		能够正确得出样品结论	5分	结论正确得5分			
		校对签发	5分	校对签发无误得5分			
工作页完成情况（20分）	按时完成工作页（20分）	及时提交	5分	按时提交得5分，迟交不得分			
		内容完成程度	5分	按完成情况分别得1～5分			
		回答准确率	5分	视准确率情况分别得1～5分			
		有独到的见解	5分	视见解情况分别得1～5分			
总分							
加权平均（自评20%，小组评价30%，教师评价50%）							
教师评价签字：			组长签字：				

续表

请你根据以上打分情况，对本活动当中的工作和学习状态进行总体评述（从素养的自我提升方面、职业能力的提升方面进行评述，分析自己的不足之处，描述对不足之处的改进措施）。
教师指导意见：

学习活动五　总结拓展

建议学时：6学时

学习要求：通过本活动总结本项目的作业规范和核心技术并通过同类项目练习进行强化（表3-46）。

表3-46　工作步骤、要求及学时

序号	工作步骤	要　求	学时安排	备注
1	撰写项目总结	能在60分钟内完成总结报告撰写，要求提炼问题有价值，能分析检测过程中遇到的问题	2学时	
2	编制生活饮用水中溴酸盐的测定方案	在60分钟内按照要求完成生活饮用水中溴酸盐的测定方案的编写	3.5学时	
3	评价		0.5学时	

一、撰写项目总结（表 3-47）

要求：（1）语言精练，无错别字。

（2）编写内容主要包括：学习内容、体会、学习中的优缺点及改进措施。

（3）要求字数 500 字左右，在 60 分钟内完成。

表 3-47　项目总结

________________项目总结

一、任务说明

二、工作过程

序号	主要操作步骤	主要要点
一		
二		
三		
四		
五		
六		
七		

三、遇到的问题及解决措施

四、个人体会

二、编制检测方案（表 3-48）

请查阅 GBT 8538—2008 饮用天然矿泉水检验方法和附录的作业指导书，编写生活饮用水中溴酸盐的测定方案。

表 3-48 检测方案

方案名称：________

一、任务目标及依据

（填写说明：概括说明本次任务要达到的目标及相关标准和技术资料）

二、工作内容安排

（填写说明：列出工作流程、工作要求、仪器设备和试剂、人员及时间安排等）

工作流程	工作要求	仪器设备及试剂	人员	时间安排

三、验收标准

（填写说明：本项目最终的验收相关项目的标准）

四、有关安全注意事项及防护措施等

（填写说明：对检测的安全注意事项及防护措施，废弃物处理等进行具体说明）

表 3-49 作业指导书

北京市工业技师学院分析检测中心作业指导书	文件编号:GLAC-ZY-J
主题:生活饮用水水中溴酸盐的测定	第 1 页 共 2 页

本作业指导书依据:GB/T 5750.10—2006 生活饮用水标准检验方法 消毒副产物指标

1. 检测原理

水样中的溴酸盐和其他阴离子随碳酸盐系统淋洗液进入阴离子交换分离系统(由保护柱和分析柱组成),根据分析柱对各离子的亲和力不同进行分离,已分离的阴离子流经阴离子抑制系统转化成具有高电导率的强酸,而淋洗液则转化成低电导率的弱酸或水,由电导检测器测量各种阴离子组分的电导率,以保留时间定性,峰面积或峰高定量。

2. 技术参数

2.1 计算结果保留 3 位有效数字。

2.2 定量检出限:进样量为 100μL,最低检测浓度分别为 5.00μg/L(以 BrO_3^- 计)。

2.3 在重复条件下获得的两次独立测定结果的绝对差值不得超过算术平均值的 10%。

3. 试剂

实验用水都为去离子水(18.2MΩ·cm)。在上机检测时,所有溶液经过 0.20μm 的微孔滤膜过滤。

3.1 硫酸溶液 $c(H_2SO_4)$=50g/L。

3.2 硝酸银溶液 $c(AgNO_3)$=50g/L。

3.3 氯化钠溶液 $c(NaCl)$=0.5%。

3.4 乙二胺贮备溶液(EDA):1.00mg/L,吸取 2.8mL 乙二胺,用纯水稀释至 25mL,可保存一个月。

3.5 淋洗液:3.6mmol/L 碳酸钠

3.6 溴酸盐标准储备液(BrO_3^-):1000mg/L,购于中国计量院。

3.7 溴酸盐标准使用液(BrO_3^-):1.0mg/L。

4. 实验器材

4.1 容量瓶:100mL、1000mL

4.2 移液管:10mL

4.3 微量注射器

4.4 0.2μm 水性样品滤膜

4.5 超滤器:截留相对分子质量 10000(MWCD10000),样品杯容量 0.5mL,进样量为 200μL 时使用容量为 4mL。

5. 仪器

5.1 离子色谱仪:AS 14 4-mm(10-32)型阴离子柱;ULTRAⅡ4-mm 阴离子抑制器。

5.2 强酸型阳离子交换树脂(Ag/H)

5.3 超声波清洗器

5.4 振荡器

5.5 离心机:4000r/min(50mL 离心管);10000r/min(1.5mL 离心管)

5.6 分析天平:感量 0.0001g

6.仪器条件

主机量程:10~30μs;泵流速:0.7mL/min;分离柱温度:25℃;进样体积:25~100μL。

续表

7. 操作步骤

7.1 水样的采集与预处理

用玻璃或塑料采集瓶采集水样，对于用二氧化碳和臭氧消毒的水样需通入惰性气体（如高纯氮气）50min（1.0L/min）以除去二氧化氯和臭氧等活性气体；加氯消毒的水样则可省略此步骤。

7.2 样品保存：水样采集后密封，置4℃冰箱保存，需一周内完成分析。采集水样后加入乙二胺贮备液至水样中浓度为50mg/L（相当于1L水样加0.5mL乙二胺贮备液），密封，摇匀，置4℃冰箱可保存28d。

7.3 校准曲线的绘制：取6个100mL容量瓶，分别加入溴酸盐标准使用液0.50mL、1.00mL、2.50mL、5.00mL、7.50mL、10.00mL，用纯水稀释至刻度。此系列标准溶液浓度为5.00μg/L、10.0μg/L、25.0μg/L、50.0μg/L、75.0μg/L、100μg/L，当天新配。

7.4 将水样经0.45μm微孔滤膜过滤，对含氯较高的过Ag/H柱，对含有有机物的水样先经过C18柱。

7.5 将预处理后的水样直接进样，进样体积为100μL。

8. 计算结果

计算公式 $X=Cf$

式中 X——样品中BrO_3^-的含量，mg/L；

C——由标准曲线得到样品溶液中BrO_3^-的含量，mg/L；

f——样品稀释倍数。

9. 检测注意事项

9.1 实验用水必须要经过0.45μm滤膜。配置淋洗液要注意脱气（超声0.5～1h）。

9.2 检测前要先打开仪器，使仪器稳定后再检测（大约开机0.5h后）。

10.实验中意外事件的应急处理

检测过程中发现安全隐患（断电、仪器故障等突发事件），应立即中断检测，做好前处理样品的中断处理，保证在此种情况下样品中被测组分不损失，不影响检测结果，若无法中断的检测步骤应及时重做。

编写		审核		批准	

三、评价（表 3-50）

表 3-50　评价

<table>
<tr><th colspan="3">评分项目</th><th>配分</th><th>评分细则</th><th>自评得分</th><th>小组评价</th><th>教师评价</th></tr>
<tr><td rowspan="10">素养
（20 分）</td><td rowspan="4">纪律情况
（5 分）</td><td>不迟到，不早退</td><td>2 分</td><td>违反一次不得分</td><td></td><td></td><td></td></tr>
<tr><td>积极思考回答问题</td><td>2 分</td><td>根据上课统计情况得 1～2 分</td><td></td><td></td><td></td></tr>
<tr><td>有书、本、笔，无手机</td><td>1 分</td><td>违反规定不得分</td><td></td><td></td><td></td></tr>
<tr><td>执行教师命令</td><td>0 分</td><td>此为否定项，违规酌情扣 10～100 分，违反校规按校规处理</td><td></td><td></td><td></td></tr>
<tr><td rowspan="2">职业道德
（5 分）</td><td>与他人合作</td><td>3 分</td><td>不符合要求不得分</td><td></td><td></td><td></td></tr>
<tr><td>认真钻研</td><td>2 分</td><td>按认真程度得 1～2 分</td><td></td><td></td><td></td></tr>
<tr><td rowspan="2">5S
（5 分）</td><td>场地、设备整洁干净</td><td>3 分</td><td>合格得 3 分；不合格不得分</td><td></td><td></td><td></td></tr>
<tr><td>服装整洁，不佩戴饰物</td><td>2 分</td><td>合格得 2 分；违反一项扣 1 分</td><td></td><td></td><td></td></tr>
<tr><td rowspan="2">职业能力
（5 分）</td><td>总结能力</td><td>3 分</td><td>视总结清晰流畅，问题清晰措施到位情况得 1～3 分</td><td></td><td></td><td></td></tr>
<tr><td>沟通能力</td><td>2 分</td><td>总结汇报良好沟通得 1～2 分</td><td></td><td></td><td></td></tr>
<tr><td rowspan="13">核心技术
（60 分）</td><td rowspan="5">技术总结
（20 分）</td><td>语言表达</td><td>3 分</td><td>视流畅通顺情况得 1～3 分</td><td></td><td></td><td></td></tr>
<tr><td>关键步骤提炼</td><td>5 分</td><td>视准确具体情况得 5 分</td><td></td><td></td><td></td></tr>
<tr><td>问题分析</td><td>5 分</td><td>能正确分析出现问题得 1～5 分</td><td></td><td></td><td></td></tr>
<tr><td>时间要求</td><td>2 分</td><td>在 60 分钟内完成总结得 2 分；超过 5 分钟扣 1 分</td><td></td><td></td><td></td></tr>
<tr><td>体会收获</td><td>5 分</td><td>有学习体会收获得 1～5 分</td><td></td><td></td><td></td></tr>
<tr><td rowspan="8">生活饮用水中溴酸盐测定方案（40 分）</td><td>资料使用</td><td>5 分</td><td>正确查阅国家标准得 5 分；错误不得分</td><td></td><td></td><td></td></tr>
<tr><td>目标依据</td><td>5 分</td><td>正确完整得 5 分；基本完整扣 2 分</td><td></td><td></td><td></td></tr>
<tr><td>工作流程</td><td>5 分</td><td>工作流程正确得 5 分；错一项扣 1 分</td><td></td><td></td><td></td></tr>
<tr><td>工作要求</td><td>5 分</td><td>要求明确清晰得 5 分；错一项扣 1 分</td><td></td><td></td><td></td></tr>
<tr><td>人员</td><td>5 分</td><td>人员分工明确，任务清晰 5 分；不明确一项扣 1 分</td><td></td><td></td><td></td></tr>
<tr><td>验收标准</td><td>5 分</td><td>标准查阅正确完整得 5 分；错项漏项一项扣 1 分</td><td></td><td></td><td></td></tr>
<tr><td>仪器试剂</td><td>5 分</td><td>完整正确得 5 分；错项漏项一项扣 1 分</td><td></td><td></td><td></td></tr>
<tr><td>安全注意事项及防护</td><td>5 分</td><td>完整正确，措施有效得 5 分；错项漏项一项扣 1 分</td><td></td><td></td><td></td></tr>
<tr><td rowspan="4">工作页完成情况
（20 分）</td><td rowspan="4">按时完成工作页
（20 分）</td><td>按时提交</td><td>5 分</td><td>按时提交得 5 分，迟交不得分</td><td></td><td></td><td></td></tr>
<tr><td>完成程度</td><td>5 分</td><td>按情况分别得 1～5 分</td><td></td><td></td><td></td></tr>
<tr><td>回答准确率</td><td>5 分</td><td>视情况分别得 1～5 分</td><td></td><td></td><td></td></tr>
<tr><td>书面整洁</td><td>5 分</td><td>视情况分别得 1～5 分</td><td></td><td></td><td></td></tr>
<tr><td colspan="5">总分</td><td></td><td></td><td></td></tr>
<tr><td colspan="5">综合得分（自评 20%，小组评价 30%，教师评价 50%）</td><td colspan="3"></td></tr>
<tr><td colspan="3">教师评价签字：</td><td colspan="5">组长签字：</td></tr>
</table>

续表

请你根据以上打分情况，对本活动当中的工作和学习状态进行总体评述（从素养的自我提升方面、职业能力的提升方面进行评述，分析自己的不足之处，描述对不足之处的改进措施）。
教师指导意见：

表 3-51　项目总体评价

项次	项目内容	权重	综合得分 （各活动加权平均分×权重）	备注
1	接收任务	10%		
2	制定方案	20%		
3	实施检测	45%		
4	验收交付	10%		
5	总结拓展	15%		
6	合计			
7	本项目合格与否			教师签字：

请你根据以上打分情况，对本项目当中的工作和学习状态进行总体评述（从素养的自我提升方面、职业能力的提升方面进行评述，分析自己的不足之处，描述对不足之处的改进措施）。

教师指导意见：